0.4kV 配网
不停电作业
实训教材

国网山东省电力公司泰安供电公司 编

中国电力出版社
CHINA ELECTRIC POWER PRESS

内 容 提 要

本书主要内容包括低压配电网的基础知识、不停电作业技术原理和安全防护措施，以及所需的作业装备和工器具。书中首先详细阐述了低压配电网基本概念、线路及其设备。随后深入解析了不停电作业的基本原理、作业方法及安全防护措施，比较了 0.4kV 和 10kV 不停电作业的不同。详细介绍了 0.4kV 不停电作业所需的装备与工具。同时，在附录部分给出了 0.4kV 不停电作业典型项目的作业指导书。

本书可作为 0.4kV 配电网不停电作业人员的培训教材，也可作为从事低压配电线路安装、验收、检修及运行工程技术人员的参考用书。

图书在版编目（CIP）数据

0.4kV 配网不停电作业实训教材／国网山东省电力公司泰安供电公司编. —北京：中国电力出版社，2024. 5

ISBN 978-7-5198-8863-3

Ⅰ.①0… Ⅱ.①国… Ⅲ.①配电系统-带电作业-技术培训-教材 Ⅳ.①TM727

中国国家版本馆 CIP 数据核字（2024）第 081433 号

出版发行：中国电力出版社
地　　址：北京市东城区北京站西街 19 号（邮政编码 100005）
网　　址：http://www.cepp.sgcc.com.cn
责任编辑：肖　敏
责任校对：黄　蓓　朱丽芳
装帧设计：王红柳
责任印制：石　雷

印　　刷：廊坊市文峰档案印务有限公司
版　　次：2024 年 5 月第一版
印　　次：2024 年 5 月北京第一次印刷
开　　本：787 毫米×1092 毫米　16 开本
印　　张：11.25
字　　数：219 千字
印　　数：0001—2000 册
定　　价：60.00 元

编 委 会

前　　言

　　随着我国社会经济的快速发展，电力需求日益增长，对供电可靠性与电能质量的要求也不断提高。0.4kV 配电网作为电力系统的"神经末梢"，直接关联着亿万用户的日常生活与生产。因此，推进 0.4kV 配电网不停电作业技术的发展与应用，不仅是提高设备健康水平、保障供电可靠性的重要手段，也是提升用户满意度和优质服务水平的重要举措。

　　自 2018 年起，中压配电网不停电作业的技术与方法逐步拓展至低压领域，并结合低压线路的特点，不断完善工具装备、建立标准规范、开展现场实践，确定了四类 19 项 0.4kV 配电网不停电作业推广项目，制定了 0.4kV 配电网不停电作业实施原则和推广计划，为有效提升低压配电线路可靠供电和检修安全水平打下了坚实基础。在此背景下，国网山东省电力公司泰安供电公司组织编写了本书，旨在为广大从事低压配电网不停电作业的从业人员提供一本全面、系统、实用的技术指南。

　　本书第一章，阐述了低压配电网的基本概念、架空线路与电缆线路的结构与特性等基础理论知识，同时对低压配电网的主要设备，诸如低压配电柜、低压成套配电装置、低压开关设备以及接地装置等进行了详尽介绍，作为后续章节的理论基础。第二章，阐述低压配电网不停电作业的基本原理与安全措施，详细介绍了各类不停电作业方法，保证安全的组织措施和技术措施，并对 0.4kV 和 10kV 不停电作业进行了比较分析。第三章，全面介绍了低压配电网不停电作业所需的装备与工具，包括防护用具、操作工器具、旁路装备、绝缘承载用具以及常用仪器仪表等，对各种装备与工具的性能特点、使用方法进行详细的说明。本书附录部分则分别针对低压架空线路、电缆线路、配电柜（房）及用户作业四类场景，选取典型作业项目编制作业指导书，作为指导低压不停电作业开展的学习参考。

　　本书主要由国网山东省电力公司泰安供电公司编写完成。由于内容广泛、涉及知识点众多，难免存在疏漏与不足之处，恳请广大读者批评指正，共同促进 0.4kV 配电网不停电作业技术的不断进步与发展。

编　者

2024 年 4 月

目　录

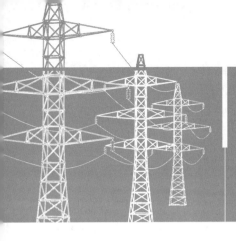

第一章
低压配电网概论

第一节 低压配电网基础知识

一、基本概念

（一）配电网概念及分类

在现代电力系统，配电网是指从输电网或地区发电厂接受电能，通过配电设施就地分配或按电压逐级分配给各类用户的电力网络。配电网是由架空线路、电缆、杆塔、配电变压器、断路器、无功补偿器及一些附属设施组成，并在电力网中起分配电能作用的网络。

110~35kV电网为高压配电网，10（20、6）kV电网为中压配电网，220/380V电网为低压配电网，低压配电网主要用于居民用电。电力系统接线示意图如图1-1所示。

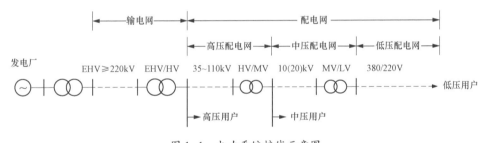

图1-1 电力系统接线示意图

（二）低压配电网接线方式

1. 放射式

放射式低压配电网接线示意图如图1-2所示，放射式低压接线是指由总配电箱直接供电给分配电箱或负载的配电方式。其优点有配电线路相对独立，发生故障互不影响，供电可靠性高；配电设备比较集中，便于维修。但由于放射式接线要求在变电站低压侧设置配电盘，导致系统发热、灵活性差，再加上干线较多，线材消耗也较多。

低压配电系统宜在下列情况采用放射式接

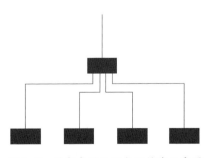

图1-2 放射式低压配电网接线示意图

线：①容量大、负荷集中或重要的用电设备；②每台设备的负荷虽不大，但位于变电站的不同方向；③需要集中联锁启动或停止的设备；④对于有腐蚀介质或爆炸危险的场所，其配电及保护设备不宜放在现场，必须由与之相隔离的房间馈出线路。

2. 树干式

树干式低压配电网接线示意图如图 1-3 所示，它不需要在变电站低压侧设置配电盘，

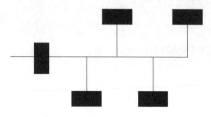

图 1-3　树干式低压配电网接线示意图

而是从变电站低压侧的引出线经过空气断路器或隔离开关直接引至室内。这种配电方式使变电站低压侧结构简化，减少电气设备需用量，线材的消耗也减少，更重要的是提高了系统的灵活性。但这种接线方式的主要缺点是当干线发生故障时，停电范围很大。

采用树干式接线必须考虑干线的电压质量。有两种情况不宜采用树干式接线：①容量较大的用电设备，因为其会导致干线的电压质量明显下降，影响到接在同一干线上的其他用电设备正常工作，因此容量大的设备必须采用放射式接线；②对于电压质量要求严格的用电设备，不宜接在树干式接线上，而应该采用放射式接线。树干式接线一般只适用于用电设备的布置比较均匀、容量不大又无特殊要求的场合。

3. 链式

链式低压配电网接线示意图如图 1-4 所示，链式也是在一条供电干线上带多个用电设备或分配电箱，与树干式不同的是其线路的分支点在用电设备上或分配电箱内，即后面设备的电源引自前面设备的端子。其优点是线路上无分支点，适合穿管敷设或电缆线路，可以节省有色金属；缺点是线路或设备检修及线路发生故障时，相连设备全部停电，供电的可靠性差。这种配电方式适用于暗敷设线路、供电可靠性要求不高的小容量设备，一般串联的设备不宜超过 3～4 台，总容量不宜超过 10kW。

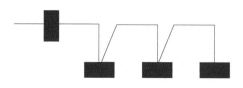

图 1-4　环式低压配电网接线示意图

（三）低压配电网接地方式

低压配电网接地方式共有五种，国际电工委员会有统一的规定，称为 TT 系统、TN 系统和 IT 系统等，其中 TN 系统又分为 TN-C、TN-S、TN-C-S 三种系统。对于低压配电系统，我国广泛采用中性点直接接地方式运行，并引出中性线 N 和保护线 PE。中性线 N 的主要作用：一是用来连接额定电压为相电压的单相用电设备；二是用于传导三相系统中的不平衡电流和单相电流；三是减小负荷中性点的电位偏移。保护线 PE 用于防止发生触电事故。

1. 接地方式代号及含义

（1）第一个字母表示电源的带电导体与大地的关系。

T：电源上的一点（通常指中性点）与大地直接连接。

I：电源与大地隔离或电源的一点经高阻抗（例如 0.4kV 系统取 1000Ω）与大地连接。

（2）第二个字母表示电气装置的外露导电部分与大地的关系。

T：外露导电部分对地直接电气连接，它与电源的接地点无联系。

N：外露导电部分与低压系统的中性点连接而接地，如果后面还有字母时，字母表示中性线与保护线的组合。

S：中性线（N线）和保护线（PE线）是分开的。

C：中性线（N线）和保护线（PE线）是合一的线（PEN）。

下面分别对 IT 系统、TT 系统与 TN 系统进行叙述。

2. IT 系统

IT 系统就是电源中性点不接地，用电设备外露可导电部分直接接地的系统（见图 1-5）。IT 系统可以有中性线，但 IEC 强烈建议不设置中性线。因为如果设置中性线，在 IT 系统中 N 线任何一点发生接地故障，该系统将不再是 IT 系统。

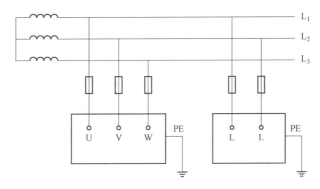

图 1-5　IT 系统接地示意图

IT 系统发生单相接地故障时，接地故障电流仅为非故障相对地的电容电流，其值很小，外露导电部分对地电压不超过 50V，不需要立即切断故障回路，且不会破坏三相电压的平衡，能够保证供电的连续性，但非故障相对地电压升高 1.73 倍，需要安装绝缘监察器。如果用在供电距离很长时，供电线路对大地的分布电容就不能忽视了。对于 220V 负载需配降压变压器，或由系统外电源专供。

IT 系统在供电距离不是很长时，供电的可靠性高、安全性好。一般用于不允许停电的场所，或者是要求严格的连续供电的地方，例如电力炼钢、大医院的手术室、地下矿井等处。

3. TT 系统

TT 系统是指电源中性点直接接地、用电设备外露导电部分直接接地的系统。通常将电源中性点的接地叫作工作接地，而设备外露可导电部分的接地叫作保护接地。TT 系统中，工作接地和保护接地必须是相互独立的。设备接地可以是每一设备都有各自独立的接地装置，也可以若干设备共用一个接地装置（见图 1-6）。需要特别注意的是，农村等区域采取 TT 系统时，除变压器中性点接地外，中性点不得重复接地，同时应装设剩余电流总保护。

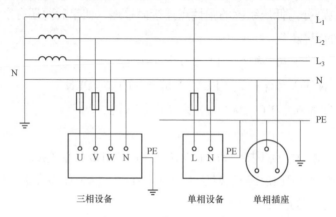

图 1-6 TT 系统接地示意图

TT 系统发生碰壳接地且发生间接触电时，其示意图、等值电路图如图 1-7（a）、（b）所示。

TT 系统中的不停电作业风险分析，保护接地电阻 R_p 为 10Ω，配电变压器中性点工作接地电阻 R_e 为 4Ω，人体电阻 R_b 为 1000Ω，则接触电压 U_b 与触电电流 I_b 分别为

$$U_b = U_\phi (R_b // R_p)/(R_b // R_p + R_e) \approx 220 \times 10/(10+4)=157V>50V \qquad （1-1）$$

$$I_b = U_b / R_b =157/1000=157mA>10mA \qquad （1-2）$$

触电电压、触电电流均大于安全电压、安全电流，存在人身触电伤害风险。同时，回路总短路电流 I_d 为

$$I_d = U_\phi/(R_b // R_p + R_e)=15.9A \qquad （1-3）$$

短路电流太小，不能使配电变压器出口处的熔丝熔断或空气断路器跳闸，无法切除触电电源，但回路总接地电流大于剩余电流总保护动作电流（约 300mA），可以依靠总保护的漏电保护功能切除触电电源。

TT 系统发生单相直接触电的等值电路如图 1-7（c）所示。触电电流 $I_b = U_\phi/(R_b+R_e)=$ 220/(1000+4)≈220mA。剩余电流总保护的实际动作电流为 $300 \times 0.85 \approx 250mA > I_b$，所以剩余电流总保护不会动作，不能及时切除触电电源，存在较大风险。根据以上分析，将 TT 接地系统特点及要求总结如下：

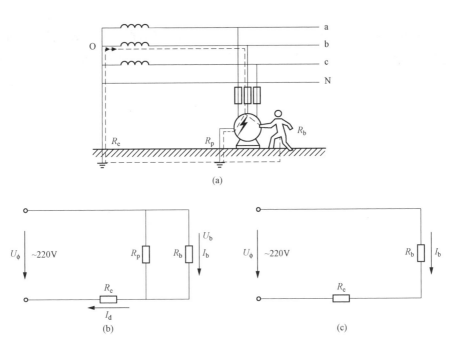

图 1-7 TT 系统触电等值电路图

（a）TT 系统中发生碰壳接地且发生间接触电示意图；（b）碰壳接地间接触电；（c）单相直接触电

（1）TT 系统中的保护接地，发生碰壳接地时虽然能降低间接触电电压，但间接触电电压通常不能降至安全电压，存在很大的安全隐患。要降至 50V 安全电压，R_p 必须小于 1.18Ω，非常困难。

（2）在 TT 系统中，当设备发生碰壳故障，便形成了单相接地故障，接地电流不能使熔丝熔断或空气断路器可靠跳闸，漏电设备金属外壳将长期带电，严重威胁相关人员的生命财产安全。外壳电压和接地电流的大小主要取决保护接地电阻。在 TT 系统中实施不停电作业前，应先检查被操作设备的外壳的保护接地，必要时加装临时的保护接地。

（3）农村低压电网采用 TT 系统后，保护接地还不能满足人身安全防护的安全性要求，还必须加装三级剩余电流动作保护装置来确保电网的安全。剩余电流总保护的额定动作电流的大小对能否快速切除单相直接触电电流至关重要，因此在 TT 系统上开展不停电作业前，最好能视电网实际情况将剩余电流总保护的额定剩余电流动作值调低至 100mA。

4. TN 系统

TN 系统又分为 TN-C、TN-S、TN-C-S 三种，下面分别展开介绍。

（1）TN-S 系统（见图 1-8）。在整个系统中，中性线与保护线是分开的，从而克服了 TN-C 系统的缺陷。该系统在正常工作时，保护线上没有电流，因此设备的外露可导电部分也不呈现对地电压。设备金属外壳带电时，剩余电流动作值上升为短路电流，保护装置动作，能够迅速切除故障，但如果同时发生 PE 线断线，将使所有连接 PE 线的设备金属外壳带电，造成触电危险。该形式供电系统安全可靠，目前在我国的新建小区建筑和新建医院已普遍采用。TN-S 系统干线上可以安装剩余电流动作保护器，保护线不能接入漏保。

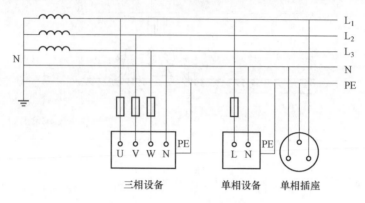

图 1-8　TN-S 系统示意图

（2）TN-C 系统（见图 1-9）。在整个系统中，中性线与保护线是合用的，节约了导线材料，比较经济，同时设备金属外壳带电时，漏电流上升为短路电流，保护装置动作，能够迅速切除故障。当三相负荷不平衡或只有单相负荷时，PEN 线上有电流，令与 PEN 线相连接的用电设备金属外壳对地带有一定的电压，可能造成人身伤害。此外，如果 PEN 线断线，则保护接零的设备金属外壳带电而造成人身触电。由于诸多不安全因素，民用供电系统中已停止使用此系统。TN-C 系统干线上使用漏电保护器时，工作零线后面的所有重复接地必须拆除，否则漏保开关合不上闸。

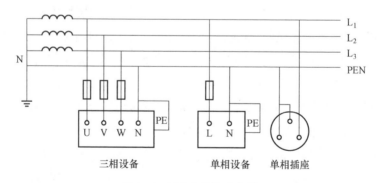

图 1-9　TN-C 系统示意图

（3）TN-C-S 系统（见图 1-10）。在整个系统中，通常在低压电气装置进线点前 N 线和 PE 线是合一的为 TN-C 系统，电源进线点后分为中性线与保护线两根线的为 TN-S 系统。系统中设备的外露可导电部分分别接 PEN 线或 PE 线，该系统比较灵活，对安全和抗干扰要求较高的设备或场所采用 TN-S 系统，而其他情况下采用 TN-C 系统。因此 TN-C-S 系统具有灵活和经济实用的特点，在供配电系统中应用比较广泛。

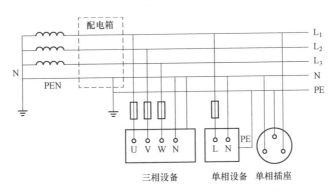

图 1-10　TN-C-S 系统示意图

二、低压架空线路

架空线路是电力网的重要组成部分，其作用是输送和分配电能。低压架空配电线路是采用电杆将导线悬空架设，直接向用户供电的配电线路。架空线路一般按电压等级分，1kV及以下的为低压架空配电线路，1kV以上的为高压架空配电线路。

低压架空线路具有架设简单，造价低，材料供应充足，分支、维修方便，便于发现和排除故障等优点；但其易受外界环境的影响，存在供电可靠性较差、影响环境的整洁美观等不足。

低压架空线路主要由电杆、拉线、导线、横担、绝缘子和线路金具等组成。

（一）电杆

电杆是用来支持架空导线的，将其埋设在地上，装上横担及绝缘子，导线固定在绝缘子上，保持导线的相间距离和对地距离。电杆主要包括电杆基础和杆体两部分，典型架空线路结构如图 1-11 所示。

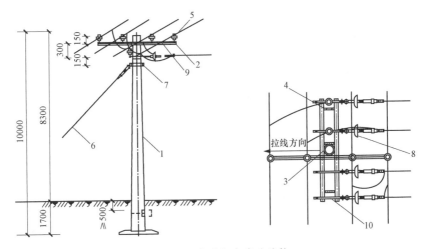

图 1-11　典型架空线路结构

1—水泥杆；2—四线横担；3—U 形抱箍；4—螺栓；5—低压绝缘子；6—拉线；7—拉线抱箍；

8—低压绝缘子耐张串；9—线夹；10—联板

1. 电杆基础

电杆基础是对电杆地下设备的总称，主要由底盘、卡盘和拉线盘等组成（见图 1-12）。其作用主要是防止电杆因承受垂直荷重、水平荷重及事故荷重等所产生的上拔、下压甚至倾倒等。

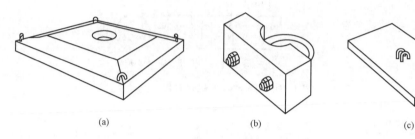

图 1-12　配电线路杆塔基础结构
（a）底盘；（b）卡盘；（c）拉线盘

2. 杆体

按材质可分为木杆、钢筋混凝土杆和钢管杆。按在配电线路中的作用和所处位置可将电杆分为直线杆、耐张杆、转角杆、终端杆、分支杆、跨越杆和特殊杆，下面分别介绍。

（1）直线杆。直线杆用在线路的直线段上，以支持导线、绝缘子、金具等的重力，并能够承受导线的重力和水平风力荷载，但不能承受线路方向的导线张力。它的导线用线夹和悬式绝缘子串挂在横担下，或用针式绝缘子固定在横担上。

（2）耐张杆。耐张杆主要承受导线或架空地线的水平张力，同时将线路分隔成若干耐张段（耐张段长度一般不超过 2km），以便于线路的施工和检修，并可在事故情况下限制倒杆断线的范围。它的导线用耐张线夹和耐张绝缘子串或用蝶式绝缘子固定在电杆上，电杆两边的导线用弓子线连接起来。

（3）转角杆。转角杆用在线路方向需要改变的转角处，正常情况下除承受导线等垂直荷载和内角平分线方向的水平风力荷载外，还要承受内角平分线方向导线全部拉力的合力，在事故情况下还要能承受线路方向导线的重力。转角杆有直线型和耐张型两种型式，具体型式可根据转角及导线截面积来确定。

（4）终端杆。终端杆用在线路的首末两终端处，是耐张杆的一种，正常情况下除承受导线的重力和水平风力荷载外，还要承受顺线路方向导线全部拉力的合力。

（5）分支杆。分支杆用在分支线路与主配电线路的连接处，在主干线方向上其可以是直线型或耐张型杆，在分支线方向上时则需用耐张型杆。分支杆除承受直线杆塔所承受的荷载外，还要承受分支导线等垂直荷载、水平风力荷载和分支方向导线全部拉力。

（6）跨越杆。跨越杆用在跨越公路、铁路、河流和其他电力线等大跨越的地方。为保证导线具有必要的悬挂高度，一般要加高电杆。为加强线路安全，保证足够的强度，还需加装拉线。

（7）特殊杆。按其所用材料不同，杆塔还可分为钢筋混凝土电杆、铁塔、钢管电杆（简称钢杆）和木杆等。钢筋混凝土电杆是配电线路中应用最为广泛的一种电杆，它由钢筋混凝土浇筑而成，具有造价低廉、使用寿命长、美观、施工方便、维护工作量小等优点。铁塔和钢杆根据结构可分为组装式铁塔和预制式钢管塔，其中组装式铁塔由各种角钢组装而成，应采用热镀锌防腐处理，组装费时；预制式钢管塔多为插接式钢杆，采用钢管预制而成，安装简便，但是比较笨重，给运输和施工带来不便。木杆在配电线路中已较少采用。

3. 钢筋混凝土电杆

（1）钢筋混凝土电杆的构造。按其制造工艺，钢筋混凝土电杆可分为普通型钢筋混凝土电杆和预应力钢筋混凝土电杆两种。按照杆的形状，又可分为等径杆和锥形杆（又称拔稍杆）。等径杆的直径通常有300、400、500mm等，杆段长度一般有4.5、6、9m三种。锥形杆的拔稍度（斜度）均为1∶75，其规格型号由高度、稍径（一般有150、190、230mm）、抗弯级别组成。电杆分段制造时，端头可采用法兰盘、钢板圈或其他接头形式。普通锥形杆常用规格见表1-1。

表1-1 普通（非预应力）锥形杆常用规格

电杆长度（m）	配筋（根/直径）	直径（mm）		检验弯矩 M_0		电杆质量（kg）
		稍径	根径	级别	大小（kN·m）	
8	14/ϕ10	150	257	C	9.68	500
8	16/ϕ10	150	257	D	11.29	520
10	12/ϕ12	150	283	C	12.08	700
10	16/ϕ12	190	323	G	20.12	870
12	14/ϕ14	190	350	G	24.38	1100
12	16/ϕ14	190	350	I	9.25	1130
15	16/ϕ14	190	390	G	30.62	1740
15	14/ϕ16	190	390	I	36.75	1780

（2）钢筋混凝土电杆标志。钢筋混凝土电杆标志有永久标志和临时标志两种。永久标志是将制造厂名或商标标记在电杆表面上，如制造日期和三米线等。临时标志用油漆写在电杆表面上，其位置略低于永久标志。

（3）杆高的确定。电杆高度可按式（1-4）确定。

$$H = t + f + D + h \pm d \qquad (1-4)$$

式中：H 为电杆高度，m；t 为横担至杆顶距离，m；f 为对应选定档距的导线最大弧垂，m；D 为导线对地安全距离，m；h 为电杆埋深，m；d 为绝缘子高度，其中针式绝缘子取"－"，悬式绝缘子取"＋"。

由此可见，电杆高度应由以下四个因素确定。

1）杆顶与横担所占的高度。最上层横担的中心距杆顶部距离与导线排列方式有关，水平排列时采用 0.3m，等腰三角形排列时为 0.6m，等边三角形排列时为 0.9m。同杆架设多回路时，各层横担间的垂直距离与线路电压有关，其数值不得小于表 1-2 中规定的数值。

表 1-2　多回路各层横担间最小垂直距离

线路电压	杆型	
	直线杆（m）	分支或转角杆（m）
10kV 间	0.8	0.45～0.6
10kV 与 380/220V 间	1.2	1.0
380/220V 间	0.6	0.3
10kV 与通信线路间	2.0	2.0
380/220V 与通信线路间	0.6	0.6

2）导线的弧垂所需高度。导线两悬挂点的连线与导线最低点间的垂直距离称为弧垂。弧垂过大容易碰线，弧垂过小则会因为导线承受的拉力过大而可能被拉断。弧垂的大小与导线截面积及材料、杆距和周围温度等因素有关。在决定电杆高度时，应按最大弧垂考虑。

3）导线与地面或跨越物最小允许距离。为保证线路安全运行，防止人身事故，导线最低点与地面或跨越物间应有一定距离，导线与地面或跨越物最小允许距离见表 1-3。

表 1-3　导线与地面或跨越物最小允许距离

线路经过地区	线路电压	
	10kV（m）	380/220V（m）
人口密集区地区	6.5	6
人口稀少地区	5.5	5
交通困难地区	4.5	4
通航河流	6	6
不通航河流	3	3
铁路（至标准轨顶）	7.5	7.5
铁路（至承力索或接触线）	3.0	3.0
公路（高速公路和一、二级公路及城市一、二级道路）	7.0	6.0

注　数据来源为 GB 50061—2010《66kV 及以下架空电力线路设计规范》。

4）电杆的埋深。电杆的埋深 h 可表示为

$$h = \frac{H}{10} + 0.7 \qquad\qquad (1-5)$$

（二）拉线

拉线又叫扳线，用来平衡电杆，避免电杆因受导线的拉力或风力的影响而倾斜。凡受导线拉力不平衡的电杆，或受较大风力的电杆，或装有电气设备的电杆，均需要装设拉线。

拉线通常由上把（楔形线夹）、中把（拉线绝缘子）、下把（UT线夹）三部分与镀锌钢绞线共同连接组成。拉线上把固定在电杆的拉线抱箍上，下把通过拉线棒把拉线基础（拉线盘）连接。拉线如从导线间穿过时，应该在拉线的中间装设拉线绝缘子。拉线绝缘子的部位应保证在断拉线的情况下，拉线绝缘子距离地面的距离不小于 2.5m；同时当拉线穿越导线之下时，所使用的拉线绝缘子与线路电压等级相同。

一般普通拉线上端利用楔形线夹（上把）加延长环固定在电杆的拉线抱箍上，下端利用 UT 线夹（下把）与拉线盘（拉线基础）延伸出的拉棒连接（见图 1-13）。

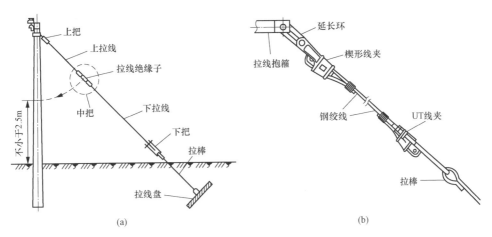

图 1-13 架空配电线路拉线结构示意图

（a）拉线的基本结构；（b）拉线部件的组装

低压架空配电线路中，根据拉线的结构和用途不同，拉线一般可以分为普通拉线、人字拉线、十字拉线、水平拉线、共用拉线、V 形拉线、弓形拉线等几种形式，架空配电线路拉线示意图如图 1-14 所示。

（1）普通拉线。普通拉线应用在终端杆、转角杆、分支杆及耐张杆等处。主要用来平衡固定架空线的不平衡荷载。

（2）人字拉线。人字拉线由两根普通拉线组成，装在线路垂直方向的两侧，多用于中间直线杆。其作用是加强电杆防风倾倒的能力，如在海边、市郊、地平及风大等环境中，通常视具体的环境条件每隔 5～10 基电杆装设一人字拉线。

（3）十字拉线。十字拉线一般在耐张杆处装设，目的是加强耐张杆的稳定性，安装顺线路人字拉线和横线路人字拉线，总称十字拉线。

（4）水平拉线。水平拉线又称高桩拉线，主要用于不能直接做普通拉线的地方，如跨越道路等地方,为了不妨碍交通,装设水平拉线。其做法是在道路的另一侧,线路延长线上不妨碍人行的道路旁立一根拉线杆,在杆上做一条拉线埋入地下,这样水平拉线就有了不妨碍车辆通行的一定高度。水平拉线跨越道路时,对路面中心的垂直距离不应小于6m,拉线桩的倾斜角宜采用10°~20°,拉线坠线上端拉线抱箍距杆顶的距离为0.25m。

(5)共用拉线。共用线路通常应用在线路的直线线路上,当线路直线杆沿线路方向出现不平衡张力时(如同一直线杆上一侧导线粗,另一侧导线细),又没有条件装设普通拉线时,可在两杆之间装设共用拉线。

(6)V形拉线。V形拉线主要用在电杆较高、横担较多,且同杆多条线路使电杆受力不均匀,如跨越铁路、公路、河流等档距较大,前后两杆都是π形杆或多层横担时。为了平衡此种电杆的受力,可在张力合成点上下两处安装V形拉线。

(7)弓形拉线。弓形拉线主要安装在受地形和周围环境的限制不能直接安装普通拉线的地方。

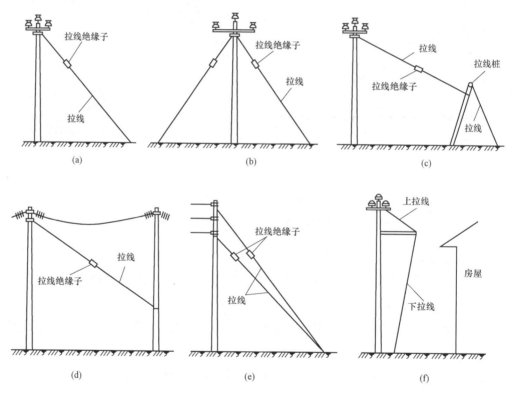

图1-14 架空配电线路拉线示意图

(a)普通拉线;(b)人字拉线;(c)水平拉线;(d)共用拉线;(e)V形拉线;(f)弓形拉线

(三)导线

导线是架空线路的主要元件之一,配电线路中的导线担负着向用户分配传送电能的作用。因此,导线应具备良好的导电性能,以保证有效地传导电流。另外,还要保证导线能够承受自身质量和经受风雨、冰、雪等外力的作用，同时还应具备抵御周围空气所含化学杂质侵蚀的性能。因此，用于低压架空线路的导线要有足够的机械强度、较高的电导率和抗腐蚀能力，并且应尽可能质轻价廉。

1. 导线材料及类型

导线常用材料物理特性见表 1-4。

表 1-4　导线常用材料物理特性

物理特性	常用材料		
	铜	铝	钢
密度（g/cm³）	8.9	2.703	7.80
抗拉强度（N/mm²）	382	157	1244
熔点（℃）	1033	658	1530
电阻系数（20℃时，Ω·mm²/m）	0.0179	0.0283	0.18
电阻温度系数（1/℃）	0.00385	0.00403	0.006

（1）裸铝导线。铝的导电性仅次于银、铜，但由于铝的机械强度较低，铝线的耐腐蚀能力差，所以，裸铝线不宜架设在化工区和沿海地区，一般用在中、低压配电线路中，而且档距一般不超过100m左右。常用铝绞线（JL）的性能见表1-5。

表 1-5　常用铝绞线（JL）的性能

导线型号	计算截面积（mm²）	股数/股径（mm）	导线外径（mm）	20℃直流电阻（Ω/km）	额定拉断力（kN）	单位长度质量（kg/km）
JL-16	16.1	7/1.71	5.13	1.7812	3.05	44.0
JL-25	24.9	7/2.13	6.39	1.1480	4.49	68.3
JL-35	34.4	7/2.50	7.50	0.8333	6.01	94.1
JL-50	49.5	7/3.00	9.00	0.05787	8.41	135.5
JL-70	71.3	7/3.60	10.8	0.4019	11.40	195.1
JL-95	95.1	7/4.16	12.5	0.3010	15.22	260.5
JL-120	121	19/2.85	14.3	0.2374	20.61	333.5
JL-150	148	19/3.15	15.8	0.1943	24.43	407.4
JL-185	183	19/3.50	17.5	0.1574	30.16	503.0
JL-240	239	19/4.00	20.0	0.1205	38.20	657.0

注1　本表摘自 GB/T 1179—2017《圆线同心绞架空导线》。

注2　拉断力指绞线在拉力增加的情况下，首次出现任一单（股）线断裂时的拉力。

（2）钢芯铝绞线。钢芯铝绞线是充分利用钢绞线的机械强度高和铝的导电性能好的特点，把这两种金属导线结合起来而形成的。其结构特点是外部几层铝绞线包覆着内芯的1股或7股的钢丝或钢绞线，使得钢芯不受大气中有害气体的侵蚀。钢芯铝绞线由钢芯承担主要的机械应力，由铝线承担输送电能的任务；而且因铝绞线分布在导线的外层，可减小交流电流产生的集肤效应（趋肤效应、趋表效应），提高铝绞线的利用率。钢芯铝绞线广泛应用在高压输电线路或大跨越档距配电线路中。

常用钢芯铝绞线的性能见表 1-6。

表 1-6　常用钢芯铝绞线的性能

标称截面积（铝/钢，mm²）	钢比（%）	单线根数		单线直径（mm）		单位长度质量（kg/km）
		铝	钢	铝	钢	
16/3	16.7	6	1	1.85	1.85	65.2
25/4	16.7	6	1	2.30	2.30	100.7
35/6	16.7	6	1	2.72	2.72	140.9
50/8	16.7	6	1	3.20	3.20	195.0
70/10	16.7	6	1	3.80	3.80	275.0
95/15	16.2	26	7	2.15	1.67	380.0
120/20	16.3	26	7	2.38	1.85	466.4
150/25	16.3	26	7	2.70	2.10	600.5
185/25	13.0	24	7	3.15	2.10	705.5
240/30	13.0	24	7	3.60	2.40	921.5

注　本表摘自 GB/T 1179—2017《圆线同心绞架空导线》。

（3）镀锌钢绞线。镀锌钢绞线机械强度高，但导电性能及抗腐蚀性能差，不宜用作电力线路导线。目前，镀锌钢绞线用作避雷线、拉线、集束低压绝缘导线和架空电缆的承力索。钢绞线按断面结构分为 1×3、1×7、1×19、1×37 四种。钢绞线内钢丝镀层级别分为 A、B、C 三级。

产品表示示例：JG3A-35-7 表示由 7 根 A 级镀层 3 级强度镀锌钢线绞制成的镀锌钢绞线，钢线的标称截面积为 35mm²；结构为 1×7、公称直径为 9.0mm、抗拉强度为 1670MPa、B 级锌层的钢绞线标记为 1×7 9.0-1670-B。

（4）铝合金绞线。铝合金含有 98% 的铝和少量的镁、硅、铁、锌等元素，其密度与铝基本相同，导电率与铝接近，与相同截面积的铝绞线相比机械强度高，也是一种比较理想的导线材料。但铝合金线的耐震性能较差，不宜在大档距的架空线路上使用。

产品表示示例：JLHA1-400-37 表示由 37 根 LHA1 型铝合金线绞制成的铝合金绞线，其标称截面积为 400mm²。

2. 架空绝缘导线

架空绝缘导线适用于城市人口密集地区，线路走廊狭窄，架设裸导线线路与建筑物的间距不能满足安全要求的地区，以及风景绿化区、林带区和污秽严重的地区等。随着城市的发展，实施架空配电线路绝缘化是配电网发展的必然趋势。

（1）架空绝缘导线分类。架空绝缘导线按电压等级可分为中压和低压绝缘导线，按架设方式可分为分相架设和集束架设。

（2）架空绝缘导线绝缘材料。目前，户外架空绝缘导线所采用的绝缘材料一般为黑色耐气候型的交联聚乙烯、聚乙烯、高密度聚乙烯、聚氯乙烯等。这些绝缘材料一般具有较好的电气性能、抗老化及耐磨性能等，暴露在户外的材料添加有 1% 左右的炭黑，以防日光老化。

（3）结构和技术性能。低压架空绝缘导线一般采用单芯绝缘导线、分相式架设方式，其架设方法与裸导线的架设方法基本相同。中压线路相对低压线路遭受雷击的概率较高，中压绝缘导线还需考虑采取防止雷击断线的措施。低压架空绝缘导线的结构示意图如图 1-15（a）所示，为直接在线芯上挤包绝缘层。中压架空绝缘导线结构示意图如图 1-15（b）所示，它是在线芯上挤包一层半导电屏蔽层，在半导电屏蔽层外挤包绝缘层，生产工艺为两层共挤，同时完成。绝缘导线的线芯一般采用经紧压的圆形硬铝（LY8 或 LY9型）、硬铜（TY 型）或铝合金导线（LHA 或 LHB 型）。

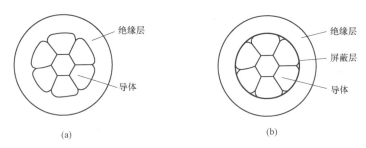

图 1-15 架空绝缘导线结构示意图

（a）低压架空绝缘导线；（b）中压架空绝缘导线

常用 10kV 绝缘导线主要技术参数见表 1-7。

表 1-7 常用 10kV 绝缘导线主要技术参数

导体标称截面积（mm²）	导体最小单线根数	导体参考直径（mm）	导体屏蔽层最小厚度（mm）	绝缘层标称厚度（mm）		绝缘屏蔽层标称厚度（mm）	20℃导体电阻（Ω/km）				导线拉断力（N）		
				薄绝缘	普通		硬铜芯	软铜芯	铝芯	铝合金芯	硬钢芯	铝芯	铝合金芯
35	6	7.0	0.5	2.5	3.4	1.0	≤0.540	≤0.524	≤0.868	≤1.007	≥11 731	≥5177	≥8800
50	6	8.3	0.5	2.5	3.4	1.0	≤0.399	≤0.387	≤0.641	≤0.744	≥16 502	≥7011	≥12 569
70	12	10.0	0.5	2.5	3.4	1.0	≤0.276	≤0.268	≤0.443	≤0.514	≥23 461	≥10 354	≥17 596
95	15	11.6	0.6	2.5	3.4	1.0	≤0.199	≤0.193	≤0.320	≤0.371	≥31 759	≥13 727	≥23 880
120	18	13.0	0.6	2.5	3.4	1.0	≤0.158	≤0.153	≤0.253	≤0.294	≥39 911	≥17 339	≥30 164
150	18	14.6	0.6	2.5	3.4	1.0	≤0.128	—	≤0.206	≤0.239	≥49 505	≥21 003	≥37 706
185	30	16.2	0.6	2.5	3.4	1.0	≤0.102 1	—	≤0.164	≤0.190	≥61 846	≥26 732	≥46 503
240	34	18.4	0.6	2.5	3.4	1.0	≤0.077 7		≤0.125	≤0.145	≥79 823	≥34 679	≥60 329
300	34	20.6	0.6	2.5	3.4	1.0	≤0.061 9		≤0.100	≤0.116	≥99 788	≥43 349	≥75 411

（4）架空绝缘导线型号。常用架空绝缘导线型号见表 1-8、表 1-9。

表 1-8　常用低压架空绝缘导线的型号

编号	型号	名称	主要用途
1	JV 型	铜芯聚氯乙烯绝缘线	架空固定敷设，进户线、接户线等
2	JLV 型	铝芯聚氯乙烯绝缘线	
3	JY 型	铜芯聚乙烯绝缘线	
4	JLV 型	铝芯聚乙烯绝缘线	
5	JYJ 型	铜芯交联聚乙烯绝缘线	
6	JLYJ 型	铝芯交联聚乙烯绝缘线	

表 1-9　常用 10kV 架空绝缘导线的型号

型号	名称	常用截面积（mm²）	主要用途
JKTRYJ	软铜芯交联聚乙烯架空绝缘导线	35～70	架空固定敷设，进户线、接户线等
JKLYJ	铝芯交联聚乙烯架空绝缘导线	35～300	
JKTRY	软铜芯聚乙烯架空绝缘导线	35～70	
JKLY	铝芯聚乙烯架空绝缘导线	35～300	
JKLYJ/Q	铝芯轻型交联聚乙烯薄架空绝缘导线	15～300	
JKLY/Q	铝芯轻型聚乙烯薄架空绝缘导线	35～300	

3. 架空导线的排列方式

低压架空线路一般采用水平排列，多回路导线可采用三角形排列、水平排列或垂直排列。三相导线排列的次序：面向负荷侧从左至右，低压配电线路为 A、N、B、C 相。当电压等级不同的电力线路进行同杆架设时，通常要求将电压较高的线路架设在上层，电压较低的架设在下层，并尽可能使三相导线的位置对称。分相敷设的低压绝缘线路宜采用水平排列或垂直排列。

根据 DL/T 499—2001《农村低压电力技术规程》的要求，结合农村低压配电线路的特点，线路所经区域及导线所用材料的不同，对线路档距和导线间距的要求也不同。

（1）线路档距。农村低压配电线路档距可参照表 1-10、表 1-11 中所规定的数值进行设置。农村架空线路的档距不宜大于 50m。

表 1-10　架空配电线路的档距

线路电压等级	线路所经地区（m）	
	城区	郊区
高压（1～10kV）	40～50	60～100
低压（1kV 以下）	40～50	40～60

表 1-11 低压架空配电线路不同档距时最小相线间距离

档距（m）	40 及以下		50		60	70
导线类型	铝绞线	绝缘线	铝绞线	绝缘线	铝绞线	
线间距离（m）	0.4	0.3	0.4	0.35	0.5	

（2）同杆架设低压线路与高压线路横担间的垂直距离，直线杆不应小于 1.2m，分支和转角杆不应小于 1m。沿建筑物架设的低压绝缘线，支持点间的距离不宜大于 6m。

（3）导线过引线、引下线对电杆构件、拉线、电杆间的净空距离，1~10kV 不应小于 0.2m；1kV 以下不应小于 0.05m。

（4）每相导线过引线、引下线对邻相导体、过引线、引下线的净空距离，1~10kV 不应小于 0.3m；1kV 以下的不应小于 0.15m。

（四）横担

横担用于支持绝缘子、导线及柱上配电设备，保护导线间有足够的安全距离。因此，横担要有一定的强度和长度。按材质的不同，横担可分为铁横担、木横担、陶瓷横担、复合绝缘横担等。铁横担一般采用等边角钢制成，要求热镀锌，锌层厚度推荐不小于60μm。因其为型钢，造价较低，且便于加工，所以使用最广泛。

1. 常用铁横担规格

10kV 架空线路上常用铁横担规格为 63mm×63mm×6mm 的角钢，在需要架设大跨越线路、双回线路或安装较重的断路器设备时，也可采用 75mm×75mm×8mm 等规格的角钢。为统一规范，在低压架空线路上常用 63mm×63mm×6mm 的角钢，也可采用 50mm×50mm×5mm 的角钢。为便于施工管理，横担规格尺寸应统一，并系列化。

2. 横担组合

根据受力情况不同，横担可分为直线型、耐张型和终端型等。直线型横担只承受导线的垂直荷载，耐张型横担主要承受两侧导线的拉力差，终端型横担主要承受导线的最大允许拉力。耐张型横担、终端型横担根据导线的截面积，一般应为双担，当架设大截面导线或大跨越档距时，双担平面间应加斜撑板，或采用梭形双横担。当横担向一侧偏支架设导线等设备或架设的导线有角度时，应加支撑斜戗（角戗）支撑。

3. 横担支撑方式及要求

低压配电线路横担的支撑方式与导线的排列方式有关，低压架空线路常用横担排列方式示意图如图 1-16 所示。

（1）水平排列横担。在农村低压三相四线制及单相架空配电线路的横担通常采用水平排列方式，其中有单横担、双横担、多回路及分支线路的多层横担等。

单横担通常安装在电杆线路编号的大号（受电）侧；分支杆、转角杆及终端杆应安装于拉线侧；30°及以下的转角担应与角平分线方向一致。另外，15°以下的转角杆采用单横担，

17

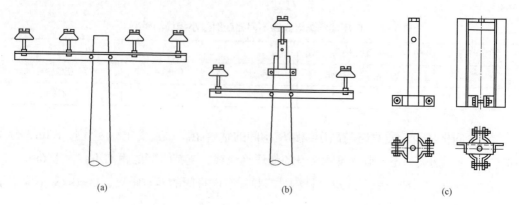

图 1-16　低压架空线路常用横担排列方式示意图

（a）水平排列横担；（b）三角形排列横担；（c）三角形排列横担顶铁

15°～45°的转角杆采用双横担，45°以上的转角杆采用十字横担。按规定，水平排列横担的安装应平整，端部上、下和左、右斜扭不得大于 20mm。低压配电线路采用水平排列时，横担与水泥杆顶部的距离为 200mm。同塔架设的双回路或多回路，横担间的垂直距离不应小于表 1-12 所列数值。

表 1-12　同塔架设线路横担间的最小垂直距离

导线排列方式	直线杆（m）	分支或转角杆（m）
高压线与高压线	0.80	0.45（距上横担）
		0.60（距下横担）
高压线与低压线	1.20	1.00
低压线与低压线	0.60	0.30

（2）三角形排列横担。三角形排列的横担安装方式，主要用于三相三线制架空电力线路。采用三角形排列时，电杆头部应该安装顶铁。顶铁的结构根据电压等级、电杆位置的要求有所不同。

（五）绝缘子

1. 绝缘子的类型

架空电力线路的导线是利用绝缘子和金具连接固定在杆塔上的。用于导线与杆塔绝缘的绝缘子在运行中不仅要承受工作电压的作用，还要受到过电压的作用，同时还承受机械力的作用及气温变化和周围环境的影响，所以绝缘子必须有良好的绝缘性能和一定的机械强度。绝缘子的表面通常被做成波纹形，原因如下：①可以增加绝缘子的爬电距离（又称泄漏距离），同时每个波纹又能起到阻断电弧的作用；②当下雨时，从绝缘子上流下的污水不会直接从绝缘子上部流到下部，避免形成污水柱造成短路事故，起到阻断污水水流的作用；③当空气中的污秽物质落到绝缘子上时，由于绝缘子波纹凹凸不平，污秽物质将不能均匀地附在绝缘子上，在一定程度上提高了绝缘子的抗污能力。

绝缘子按照材质分为瓷绝缘子、玻璃绝缘子和合成绝缘子三种。

（1）瓷绝缘子。具有绝缘性能良好、抗气候变化性能好、耐热性和组装灵活等优点，被广泛用于各种电压等级的线路。金属附件连接方式分为球型和槽型两种，在球型连接构件中用弹簧销锁紧，在槽型结构中用销钉加开口销锁紧。瓷绝缘子属于可击穿型绝缘子。

（2）玻璃绝缘子。用钢化玻璃制成，具有产品尺寸小、质量轻、机电强度高、电容大、热稳定性好、老化较慢、寿命长、零值自破、维护方便等特点。玻璃绝缘子主要是由于自破而报废，一般多在运行的第一年发生，而瓷绝缘子的缺陷要在运行几年后才开始出现。

（3）合成绝缘子。又名复合绝缘子，由棒芯、伞盘及金属端头铁帽三个部分组成。

1）棒芯。一般由环氧玻璃纤维棒（玻璃钢棒）制成，抗张强度很高，是合成绝缘子机械负荷的承载部件，同时又是内绝缘的主要部件。

2）伞盘。以高分子聚合物如聚四氯乙烯、硅橡胶等为基体添加其他成分，经特殊工艺制成，伞盘表面为外绝缘给绝缘子提供所需要的爬电距离。

3）金属端头铁帽。金属端头用于导线杆塔与合成绝缘子的连接，根据荷载的大小采用可锻铸铁、球墨铸铁或钢等材料制造而成。为使棒芯与伞盘间结合紧密，在它们之间加一层黏接剂和橡胶护套。

合成绝缘子具有抗污闪性强、强度大、质量轻、抗老化性好、体积小、质量轻等优点。但合成绝缘子承受的径向（垂直于中心线）应力很小，因此，使用于耐张杆的绝缘子严禁踩踏，或承受任何形式的径向荷载，否则将导致折断；运行数年后还会出现伞裙变硬、变脆的现象，或者容易被鼠等动物咬噬而导致损坏。

2. 架空配电线路常用绝缘子

架空配电线路常用的绝缘子有针式瓷绝缘子、柱式瓷绝缘子、蝶式瓷绝缘子、悬式瓷绝缘子、棒式瓷绝缘子、拉线瓷绝缘子、瓷横担绝缘子、放电箝位瓷绝缘子等。低压线路用的低压瓷绝缘子有针式和蝶式两种。

（1）针式瓷绝缘子（见图1-17）。针式瓷绝缘子主要用于直线杆和角度较小的转角杆支持导线，分为高压、低压两种。针式绝缘子的支持钢脚用混凝土浇装在瓷件内，形成"瓷包铁"内浇装结构。

（2）柱式瓷绝缘子（见图1-18）。柱式瓷绝缘子的用途与针式瓷绝缘子基本相同。柱式瓷绝缘子的绝缘瓷件浇装在底座铁靴内，形成"铁包瓷"外浇装结构。但采用柱式绝缘子时，架设直线杆导线转角不能过大，侧向力不能超过柱式绝缘子允许抗弯强度。

（3）蝶式瓷绝缘子（见图1-19）。蝶式瓷绝缘子（俗称茶台瓷瓶）分为高压、低压两种。在 10kV 线路上，蝶式瓷绝缘子与悬式瓷绝缘子组成"茶吊"，用于小截面导线耐张杆、终端杆或分支杆等，或在低压线路上作为直线或耐张绝缘子。

(a)

(b)

图 1-17 针式瓷绝缘子

（a）低压针式瓷绝缘子；（b）高压针式瓷绝缘子

图 1-18 柱式瓷绝缘子

图 1-19 蝶式瓷绝缘子

（4）悬式瓷绝缘子（见图 1-20）。悬式瓷绝缘子主要用于架空配电线路耐张杆，一般低压线路采用一片悬式绝缘子悬挂导线，10kV 线路采用两片组成绝缘子串悬挂导线。悬式绝缘子金属附件的连接方式分球窝形和槽形两种。

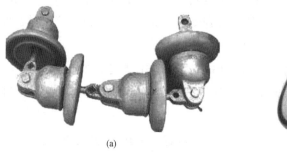

(a)

(b)

图 1-20 悬式瓷绝缘子

（a）球窝形悬式瓷绝缘子；（b）槽形悬式瓷绝缘子

（5）棒式瓷绝缘子。棒式瓷绝缘子又称瓷拉棒，是一端或两端外浇装钢帽的实心瓷体，或纯瓷拉棒。

（6）拉线瓷绝缘子（见图 1-21）。拉紧瓷绝缘子又称拉线圆瓷，一般用于架空配电线路的终端、转角、断连杆等穿越导线的拉线上，使下部拉线与上部拉线绝缘。

（六）金具

在架空配电线路中，用于连接、紧固导线的金属器具，具备导电、承载、固定的金属构件，统称为金具。按其性能和用途，金具可分为耐张金具、拉线金具、接触类金具、连接金具、接续金具和防护金具等。

图 1-21　拉线瓷绝缘子

1. 耐张金具

耐张金具（耐张线夹）的用途是把导线固定在耐张、转角、终端杆的悬式绝缘子串上，按其结构和安装方式可分为压缩型、螺栓型和楔形等。常用的耐张线夹有螺栓型铝合金耐张线夹（NLL）和楔形绝缘耐张线夹（NXJG、NXL）等。常用耐张线夹如图 1-22 所示，耐张线夹使用范围见表 1-13。

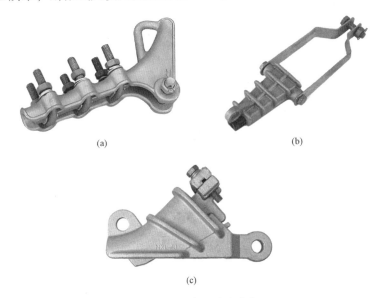

（a）　　　　　　　　　　　　　　（b）

（c）

图 1-22　常用耐张线夹

（a）NLL 线夹；（b）NXJG 线夹；（c）NXL 线夹

表 1-13　耐张线夹使用范围

裸导线用		绝缘不剥皮使用		绝缘剥皮使用	
型号	使用导线型号	型号	使用导线型号	型号	使用导线型号
NLL-1	35-50	NXJG-1	35-50	NXL-1	35-50
NLL-2	70-95	NXJG-2	70-95	NXL-2	70-95
NLL-3	120-150	NXJG-3	120-150	NXL-3	120-150
NLL-4	185-240	NXJG-4	185-240	NXL-4	185-240

当采取裸导线架设线路，应当优先选择使用螺栓型铝合金耐张线夹（NLL），具体配置如图1-23所示。

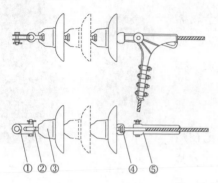

编号	国家电网公司标准物料	金具图册型号	数量
①	直角挂板，Z-7	Z-0780	1
②	球头挂环，QP-7	QP-0750	1
③	盘形悬式瓷绝缘子		2~3
④	碗头挂板，W-7B	W-07115	1
⑤	螺栓型，NLL		1

图1-23　盘形悬式绝缘子单联单挂点耐张串-NLL

当采取绝缘导线架设线路，应当优先选择使用楔形绝缘耐张线夹（NXJG、NXL），根据其使用情况又分为绝缘导线剥皮使用、不剥皮使用两种。

（1）绝缘导线剥皮使用。盘形悬式绝缘子单联单挂点耐张串—NXL如图1-24所示。

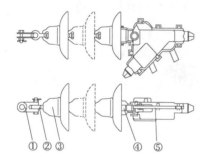

编号	国家电网公司标准物料	金具图册型号	数量
①	直角挂板，Z-7	Z-0780	1
②	球头挂环，QP-7	QP-0750	1
③	盘形悬式瓷绝缘子		2~3
④	碗头挂板，WS-7	WS-0770	1
⑤	楔形绝缘，NXJG		1

图1-24　盘形悬式绝缘子单联单挂点耐张串—NXL

（2）绝缘导线不剥皮使用。盘形悬式绝缘子单联单挂点耐张串—NXJG如图1-25所示。

低压绝缘导线使用时可参考上方列举使用，仅需根据当地条件核减悬式瓷绝缘子数量。

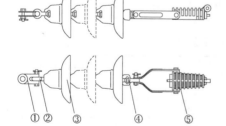

编号	国家电网公司标准物料	金具图册型号	数量
①	直角挂板，Z-7	Z-0780	1
②	球头挂环，QP-7	QP-0750	1
③	盘形悬式瓷绝缘子		2~3
④	碗头挂板，W-7	W-0770	1
⑤	楔形绝缘，NXJG		1

图1-25　盘形悬式绝缘子单联单挂点耐张串-NXJG

2. 拉线金具

用于拉线支撑、调整、固定、连接的金具构件俗称拉线金具。

（1）楔形线夹，俗称上把。它是利用楔的臂力作用，使钢绞线紧固，其结构如图1-26（a）所示。

（2）UT线夹（可调式），俗称下把或底把。UT线夹既能用于固定拉线，同时又可调整拉线，其结构如图1-26（b）所示。

（3）拉线抱箍，又称圆形抱箍或两合抱箍。通常是用4mm×40mm或5mm×50mm的扁钢制作而成，用于将拉线固定在电杆上，如图1-26（c）所示。

（4）延长环，主要用于拉线抱箍与楔形线夹之间的连接，如图1-26（d）所示。

（5）钢线卡，也叫元宝螺栓。主要用于低压架空线路小型电杆的拉线回头绑扎，由于钢线卡握着力的限制，不宜作为较大截面拉线的紧固工具，其结构如图1-26（e）所示。

（6）拉线用U形挂环，俗称鸭嘴环。其用来和拉线金具和楔形线夹配套，安装在杆塔拉线抱箍上，其结构如图1-26（f）所示。

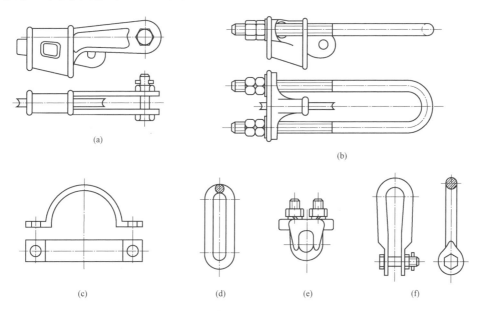

（a）　　　　　　　　　　　　　　（b）

（c）　　　　　（d）　　　　　（e）　　　　　（f）

图1-26　常用拉线金具示意图

（a）楔形线夹；（b）UT线夹；（c）拉线抱箍；（d）延长环；（e）钢线卡；（f）U型挂环

3. 接触类金具

（1）压缩型设备端子。压缩型设备端子一般采用液压施工，应有良好的电气接触性能，适用于永久性接续，适用导线为常规导线。端子板一般在制造厂不钻孔，而安装时现场配钻，如果接续设备有明确统一的规定，可要求在工厂配钻，还可以根据需要将端子板配置成双孔板。压缩型铝设备端子一般采用铝管压制；压缩型铜设备端子（见图1-27）一般采用纯铜制造；压缩型铜铝过渡设备端子（见图1-28）的铜铝过渡采用摩擦焊、闪光焊接。

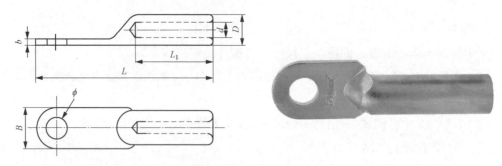

图1-27 压缩型铜设备端子

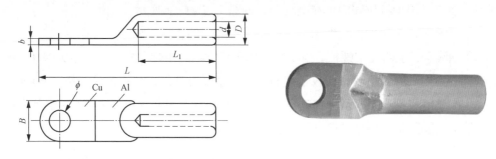

图1-28 压缩型铜铝过渡设备线夹

（2）螺栓型铜铝设备线夹。螺栓型铜铝设备线夹示意图如图1-29所示。

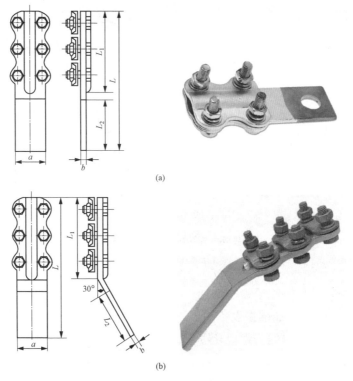

(a)

(b)

图1-29 螺栓型铜铝设备线夹

（a）A型；（b）B型

（3）抱杆式设备线夹（见图 1-30）。抱杆式（或称螺栓转换式）设备线夹用于变压器二次出线螺杆或柱上断路器设备螺杆转接导线，线夹可抱紧螺杆，防止线夹发热。该线夹一般采用 T1 纯铜制造。

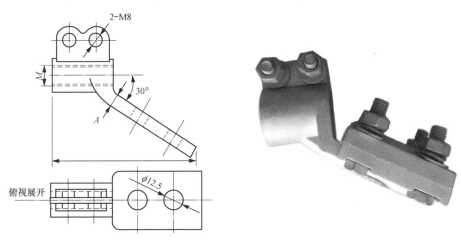

图 1-30　抱杆式设备线夹

4. 连接金具

连接金具主要用于耐张线夹、悬式绝缘子（槽型和球窝型）、横担等之间的连接。与槽形悬式绝缘子配套的连接金具可由 U 形挂环、平行挂板等组合。与球窝形悬式绝缘子配套的连接金具可由直角挂板、球头挂环、碗头挂板等组合。金具的破坏荷载均不应小于该金具型号的标称荷载值，7 型不小于 70kN，10 型不小于 100kN，12 型不小于 120kN 等。所有黑色金属制造的连接金具及紧固件均应热镀锌。

（1）平行挂板。平行挂板用于连接槽形悬式绝缘子，以及单板与单板、单板与双板的连接，其仅能改变组件的长度不能改变连接方向。单板（PD 型）平行挂板（见图 1-31）多用于与槽型绝缘子配套组装；双板（P 型）平行挂板（见图 1-32）用于与槽型悬式绝缘子组装，以及与其他金具连接；三腿（PS 型）平行挂板（见图 1-33）用于槽型悬式绝缘子与耐张线夹的连接、双板与单板的过渡连接等。

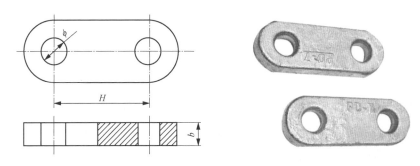

图 1-31　PD 型平行挂板

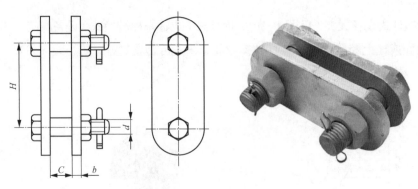

图 1-32　P 型平行挂板

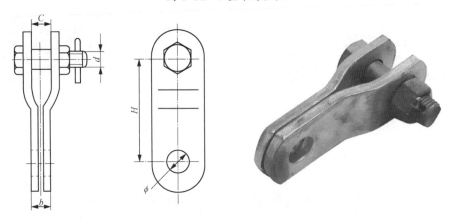

图 1-33　PS 型平行挂板

（2）U 形挂环（见图 1-34）。U 形挂环是用圆钢锻制而成，一般采用 Q235A 钢材锻造而成。加长 U 形挂环的型号为 UL 型，主要用于与楔形线夹配套。

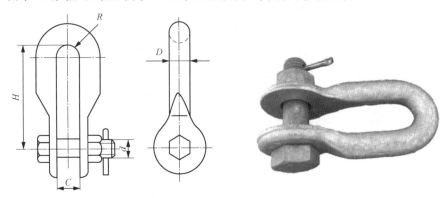

图 1-34　U 形挂环

（3）球头挂环（见图 1-35）。球头挂环的钢脚侧用来与球窝型悬式绝缘子上端钢帽的窝连接，球头挂环侧根据使用条件分为圆环接触和螺栓平面接触两种，与横担连接。

（4）碗头挂板（见图 1-36）。碗头侧用来连接球窝型悬式绝缘子下端的钢脚（又称球头），挂板侧一般用来连接耐张线夹等。单联碗头挂板一般适用于连接螺栓型耐张线夹，

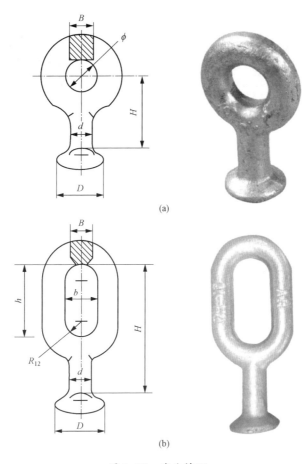

图 1-35　球头挂环

（a）QP-7 型；（b）QH-7 型

为避免耐张线夹的跳线与绝缘子瓷裙相碰，可选用长尺寸的 B 型。双联碗头挂板一般适用于连接开口楔形耐张线夹。

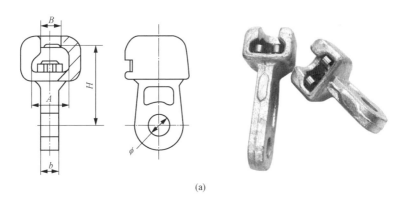

图 1-36　碗头挂板（一）

（a）单联（W 型）

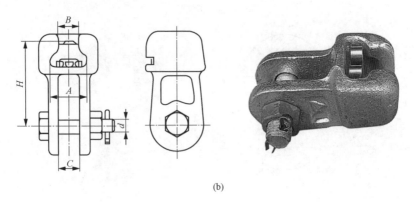

(b)

图 1-36　碗头挂板（二）

（b）双联（WS 型）

（5）直角挂板（见图 1-37）。直角挂板的连接方向互成直角，一般采用中厚度钢板经冲压弯曲而成，常用为 Z 型、ZS 挂板。

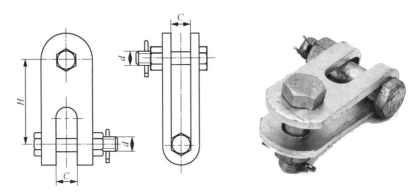

图 1-37　Z 型直角挂板

5. 接续金具

导线接续金具按是否承力可分为非承力接续金具和承力接续金具两类，按施工方法又可分为液压、钳压、螺栓接续及预绞式螺旋接续金具等，按接续方法可分为对接、搭接、绞接、插接、螺接等。

（1）非承力接续金具。

1）C 形楔形线夹（见图 1-38）。C 形线夹的弹性可使导线与楔块间产生恒定的压力，保证电气接触良好。一般采用铝合金制造，可用于主线为铝绞线、分支线为铝绞线或铜绞线的接续。该类型线夹可预制引流环作为中压架空绝缘线接地环用，除引流环裸露外，线夹其他部分可用绝缘自黏带包封。

2）接续液压 H 形线夹（见图 1-39）。一般采用 L3 热挤压型材制造，用作永久性接续等径或不等径的铝绞线，也可用于主线为铝绞线、分支线为铜绞线的接续，接触面预先进行金属过渡处理。安装时，使用液压机及专用配套模具压缩成椭圆形。

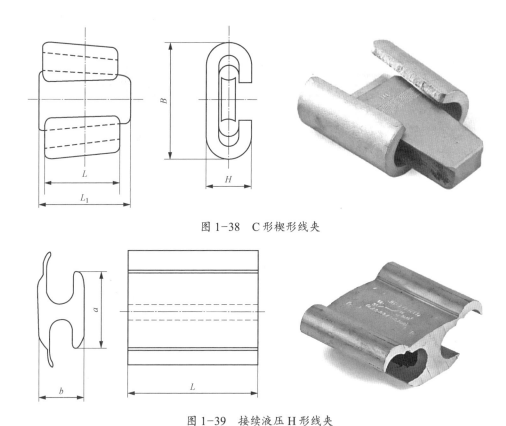

图 1-38　C形楔形线夹

图 1-39　接续液压 H 形线夹

3）液压 C 形线夹（见图 1-40）。一般采用 T1 铜热挤压型材制造，用作铜绞线主线与引下线的永久性的接续、铜绞线接户线与铜进户线的接续。安装时，使用液压机及专用配套模具，压缩成椭圆形。为保证机械强度，也可制成"6"字型等。

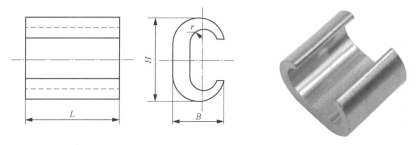

图 1-40　液压 C 形线夹

4）铝绞线、钢芯铝绞线用铝异径并沟线夹（见图 1-41）。适用于中小截面的铝绞线、钢芯铝绞线在不承受全张力的位置上的连接，其可接续等径或异径导线。线夹、连接片、垫瓦均采用热挤压型材制成，紧固螺栓、弹簧垫圈等应热镀锌。根据材料的性能，铝连接片应有足够的厚度，以保证连接片的刚性。连接片应单独配置螺栓。

5）铜绞线用铜异径并沟线夹一般采用 T1 铜热挤压型材制造，尺寸基本与铝绞线用异径并沟线夹相同。

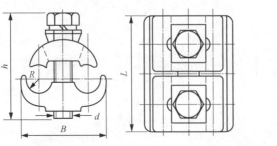

图 1-41　铝异径并沟线夹

6）铜铝过渡异径并沟线夹（见图 1-42）。铜铝过渡采用摩擦焊接或闪光焊接。

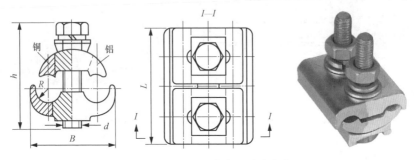

图 1-42　铜铝过渡异径并沟线夹

7）接户线过渡线夹（见图 1-43）。线夹由铜铝过渡板和铝连接片组成，铜铝过渡板的上端为铝板、下端为铜板，铜铝过渡采用闪光焊接或摩擦焊接。铝连接片应有足够的厚度，以保证连接片的刚性。线夹适用于线路为铝绞线、接户线为小截面铜绞线的场所。

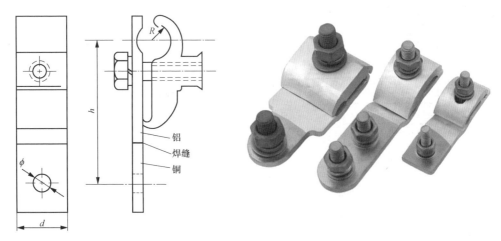

图 1-43　接户线过渡线夹

8）穿刺线夹（见图 1-44）。适用于绝缘导线采用带电作业施工，并有利于绝缘防护。一般配置扭力螺母，设计为扭断螺母时应紧固到位。

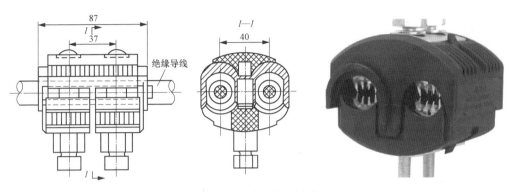

图 1-44 中压穿刺线夹

（2）承力接续金具。

1）钢芯铝绞线用钳压接续管（椭圆形、搭接，见图 1-45）。钢芯铝绞线用的接续管内附有衬垫，钳压时从接续管的一端依次交替顺序钳压至另一端。

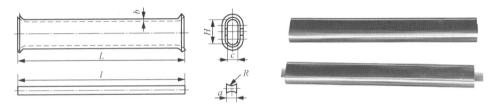

图 1-45 钢芯铝绞线用钳压接续管

2）铝绞线用钳压接续管（椭圆形、搭接，见图 1-46）。接续管以热挤压加工而成，其截面积为薄壁椭圆形，将导线端头在管内搭接，以液压钳或机械钳进行钳压，从接续管的一端依次交钳顺序钳压至另一端。

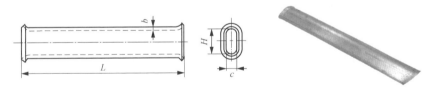

图 1-46 铝绞线用钳压接续管

3）铝绞线液压对接接续管（10kV 绝缘线用、铝合金制，见图 1-47）。以液压方法接续导线，用一定吨位的液压机和规定尺寸的压缩钢模进行压接，接续管受压后产生塑性变形，使接续管与导线成为一个整体。液压接续有足够的机械强度和良好的电气接触性能。

4）铜绞线液压对接接续管（见图 1-48）。接续管采用 T1 纯铜制造。

5）钢芯铝绞线液压对接接续管（含钢芯对接）（见图 1-49）。接续管由钢管和铝管组成。

6）铝合金绞线液压对接接续管。铝合金绞线机械强度大，铝材硬度高，不适于用椭圆形接续管进行搭接钳压接续，必须使用圆形接续管进行液压对接。

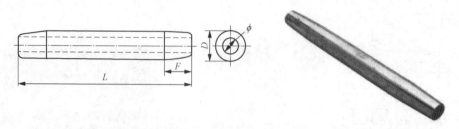

图 1-47 铝绞线、铝合金绞线液压对接接续管

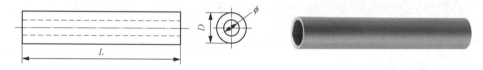

图 1-48 铜绞线液压对接接续管

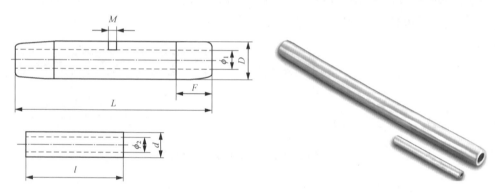

图 1-49 钢芯铝绞线液压对接接续管

6. 防护金具（放电线夹）

中压绝缘线防雷击断线放电线夹主要分剥除绝缘和不剥除绝缘两类。

（1）剥除绝缘放电线夹为铝制，在直线杆安装，把绝缘子两侧绝缘导线的绝缘层各剥除 500mm 左右，将该线夹安装在两端。当雷击过电压放电时，使电弧烧灼线夹，以避免烧伤或烧断导线。

（2）不剥除绝缘放电线夹利用穿刺技术将线夹固定在导线上，并加绝缘罩防护，可有效防止绝缘线进水（见图 1-50）。

图 1-50 中压绝缘线防雷击断线放电线夹（不剥除绝缘）

（七）接户线、进户线

1. 接户线、进户线

从架空配电线路的电杆至用户户外第一个支持点之间的一段导线称为接户线。从用户户外第一个支持点至用户户内第一个支持点之间的导线称为进户线。对住宅小区配电，接户线指从最末一级电缆分支箱到电表箱的线路，进户线指从电表箱到每户住宅的线路。常用低压进户方式示意图如图 1-51 所示。

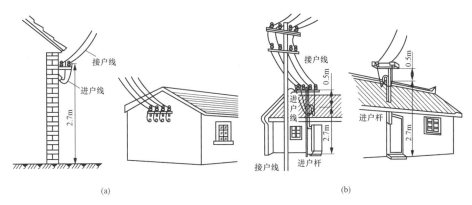

图 1-51　低压进户方式示意图

（a）绝缘导线穿套管进户；（b）加装进户杆进户

2. 基本要求

（1）接户线的档距不宜超过 25m。超过 25m 时，应在档距中间加装辅助电杆。接户线的对地距离一般不小于 2.7m，以保证安全。

（2）接户线应从接户杆上引接，不得从档距中间悬空连接。

（3）接户线安装施工中，低压接户线的线间距离，以及接户线的最小截面积必须同时符合表 1-14 和表 1-15 中的相关规定。

表 1-14　低压接户线允许的最小距离

敷设方式	档距（m）	最小距离（m）
自电杆上引下	25 及以下	0.15
	25 以上	0.20
沿墙敷设	6 及以下	0.10
	6 以上	0.15

表 1-15　低压接户线的最小截面积

敷设方式	档距（m）	最小截面积（mm²）	
		铜线	铝线
自电杆上引下	10 及以下	2.5	6.0
	10~25	4.0	10.0
沿墙敷设	6 及以下	2.5	4.0

（4）接户线安装施工时，经常会遇到必须跨越街道、胡同（里弄）、巷及建筑物，以及与其他线路发生交叉等情况。为保证安全可靠供电，其距离必须符合表1-16中所列的相关规定。

表1-16 低压接户线跨越交叉的最小距离

序号	接户线跨越交叉的对象		最小距离（m）
1	跨越通车的街道		6
2	跨越通车困难的街道、人行道		3.5
3	跨越胡同（里弄）、巷		3[1]
4	跨越阳台、平台、工业建筑屋顶		2.5
5	与弱电线路的交叉距离	接户线在上方时	0.6[2]
		接户线在下方时	0.3[2]
6	离开屋面		0.6
7	与下方窗户的垂直距离		0.3
8	与上方窗户或阳台的垂直距离		0.8
9	与窗户或阳台的水平距离		0.75
10	与墙壁或构架的水平距离		0.05

[1] 住宅区跨越场地宽度在3~8m时，高度一般应不低于4.5m。

[2] 如不能满足要求，应采取隔离措施。

（5）进户线应采用绝缘良好的铜芯或铝芯绝缘导线，并且不应有接头。铜芯线的最小截面积不宜小于$1.5mm^2$，铝芯线的最小截面积不宜小于$2.5mm^2$。

（6）进户线穿墙时，应套上瓷管、钢管、塑料管等保护套管，如图1-52所示。

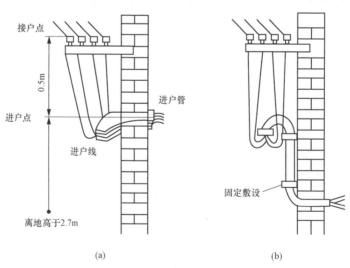

图1-52 进户线穿墙安装方法

（a）进户线穿瓷管安装；（b）进户线穿钢管安装

（7）进户线在安装时应有足够的长度，户内一端一般接总熔断器，如图1-53（a）所示。户外一端与接户线连接后一般应保持200mm的弛度，如图1-53（b）所示。户外一端进户线的长度不应小于800mm。

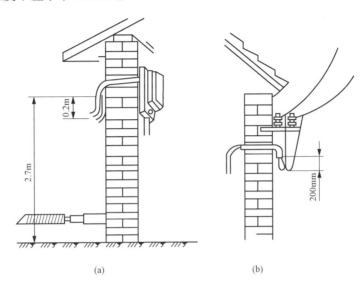

图1-53　进户线两端的接法

（a）户内一端进总熔断器；（b）户外一端的弛度

（8）进户线的长度超过1m时，应用绝缘子在导线中间加以固定。套管露出墙壁部分应不小于10mm，在户外的一端应稍低，并做成方向朝下的防水弯头。为了防止进户线在套管内绝缘破坏而造成相间短路，每根进户线外部最好套上软塑料管，并在进户线防水弯处最低点剪一小孔，以防存水。

三、低压电缆线路

（一）低压电缆结构

低压电缆主要由电缆导体、绝缘层、保护层组成。电缆结构示意图如图1-54所示。

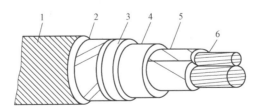

图1-54　电缆结构示意图

1—沥青麻护层；2—钢带铠装；3—塑料护层；4—铝包护层；5—纸包绝缘；6—导体

1. 电缆导体

电缆导体用来输送电流，其必须具有高导电性、一定抗拉强度和伸长率、良好的耐腐蚀性以及便于加工制造等性能，电缆导体（线心）大都采用高电导系数的金属铜或铝制造。我国制造的低压电缆线心的标称截面积有 10、16、25、35、50、70、95、120、150、185、240、300mm² 等多种。

（1）电缆导体材料。

1）铜。铜的电导率大、机械强度高，易于进行压延、拉丝和焊接等加工。铜是电缆导体最常用的材料，其主要性能如下：①20℃时的密度为 8.89g/cm³；②20℃时的电阻率为 0.0175Ω·mm²/m；③电阻温度系数为 4.3×10⁻⁹℃⁻¹；④抗拉强度为 200～210N/mm²。

2）铝。铝也是用作电缆导体比较理想的材料，其主要性能如下：①20℃时的密度为 2.70g/cm³；②20℃时的电阻率为 0.0283Ω·mm²/m；③电阻温度系数为 3.6×10⁻⁹℃⁻¹；④抗拉强度为 70～95N/mm²。

（2）绞合导体外形。电缆导体一般由多根导线绞合而成，是为了满足电缆的柔软性和可曲性的要求。当导体沿某一半径弯曲时，导体中心线圆外部分被拉伸，中心线圆内部分被压缩，绞合导体中心线内外两部分可以相互滑动，使导体不发生塑性变形。绞合导体外形有圆形、扇形、腰圆形和中空圆形等。

1）圆形。圆形绞合导体几何形状固定，稳定性好，表面电场比较均匀。20kV 及以上油纸电力电缆和 10kV 及以上交联聚乙烯电力电缆，一般采用圆形绞合导体结构。

2）扇形、腰圆形。10kV 及以下多芯油纸电缆和 1kV 及以下多芯塑料电缆，为了减小电缆直径、节约材料消耗，采用扇形或腰圆形导体结构。

3）中空圆形。中空圆形导体用于自容式充油电缆，其圆形导体中央以硬铜带螺旋管支撑形成中心油道，或者以型线（z形线和弓形线）组成中空圆形导体。

2. 绝缘层

绝缘层的作用是将电缆导体与相邻导体和保护层隔离，抵抗电力电流、电压、电场对外界的作用，保证电流沿线芯方向传输。绝缘的好坏直接影响电缆运行的质量。电缆的绝缘层分为芯绝缘和带绝缘两种，包覆在线心上的绝缘称为芯绝缘；多心电缆的绝缘线心合在一起再加覆的绝缘称为带绝缘。带绝缘与保护层隔开形成可靠的对地绝缘。

根据绝缘材料的不同，电力电缆可分为油纸绝缘电缆和挤包绝缘电缆两大类。

（1）油纸绝缘。油纸绝缘电缆是绕包绝缘纸带后浸渍绝缘剂（油类）作为绝缘的电力电缆。

（2）挤包绝缘。挤包绝缘电缆又称固体挤压聚合电缆，是以热塑性或热固性材料挤包形成绝缘的电缆。目前，挤包绝缘电缆有聚氯乙烯（PVC）电缆、聚乙烯（PE）电缆、交联聚乙烯（XLPE）电缆和乙丙橡胶（EPR）电缆等，这些电缆使用在不同的电压等级。

3. 保护层

保护层简称护层，它是为了使电缆适应各种使用环境的要求，在绝缘层外面施加的保护覆盖层。其主要作用是保护电缆在敷设和运行过程中，免遭机械损伤和各种环境因素，如水、日光、生物、火灾等的破坏，以保持长时间稳定的电气性能。所以，电缆的保护层直接关系电线电缆的寿命。保护层分为内保护层和外保护层。

（1）内保护层。内保护层直接包在绝缘层上，保护绝缘不与空气、水分或其他物质接触，因此要包得紧密无缝，并且有一定的机械强度，使其能承受运输和敷设时的机械力。内保护层有铅包、橡套和聚氯乙烯包等。

（2）外保护层。外保护层是用来保护内保护层的，防止铅包、铝包等受外界的机械损伤和腐蚀，在电缆的内保护层外面包上浸过沥青混合物的黄麻、钢带或钢丝。没有外保护层的电缆，如裸铅包电缆等，则用于无机械损伤的场合。

（二）电缆分类

1. 按电压等级分类

电缆的额定电压以 U_0/U（U_m）表示，其中 U_0 表示电缆导体对金属屏蔽之间的额定电压；U 表示电缆导体之间的额定电压；U_m 是设计采用的电缆任何两导体之间可承受的最高系统电压的最大值。根据国际电工委员会（IEC）标准推荐，配电电缆按照额定电压分为低压电缆和中压电缆两类。

低压电缆额定电压 U 小于 1kV，如 0.6/1kV。中压电缆额定电压 U 为 6～35kV，如 6/6、6/10、8.7/10、21/35、26/35kV。

2. 按特殊需求分类

按对电力电缆的特殊需求，主要有输送大容量电能的电缆、防火电缆和光纤复合电力电缆等品种。防火电缆是具有防火性能电缆的总称，包括阻燃电缆和耐火电缆。将光纤组合在电力电缆的结构层中，使其同时具有电力传输和光纤通信功能的电力电缆称为光纤复合电力电缆。光纤复合电力电缆集两方面功能于一体，降低了工程建设投资和运行维护费用，具有明显的技术经济意义。

3. 低压电缆型号

电力电缆产品命名用型号、规格和标准编号表示。电力电缆的产品型号一般由绝缘、导体、护层的代号构成，因电缆种类的不同，型号的构成也有所区别。电缆规格由额定电压、芯数、标称截面积构成，以字母和数字为代号组合表示。下面介绍额定电压 $1kV(U_m=1.2kV)$～$35kV(U_m=40.5kV)$ 挤包绝缘导线命名方法。

（1）电力电缆型号命名。电力电缆产品型号的组成和排列顺序如图 1-55 所示。

（2）电力电缆产品代号及含义。电力电缆产品代号含义见表 1-17。

按照表 1-17 的代号含义进行举例：

1）铜芯交联聚乙烯绝缘钢带铠装聚氯乙烯护套电力电缆，额定电压为 0.6/1kV，3+1 芯，标称截面积 95mm²，中性线截面积 50mm²，表示为 YJV22-0.6/1-3×95+1×50。

2）铝芯交联聚乙烯绝缘钢带铠装聚氯乙烯护套电力电缆，额定电压为 8.7/10kV，三芯，标称截面积 300mm²，表示为 YJLV22-8.7/10-3×300。

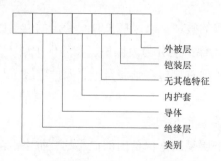

图 1-55　电力电缆产品型号的组成和排列顺序

表 1-17　电力电缆产品代号含义

导体代号	铜导体	T（省略）
	铝导体	L
绝缘代号	聚氯乙烯绝缘	V
	交联聚乙烯绝缘	YJ
	乙丙橡胶绝缘	E
	硬乙丙橡胶绝缘	HE
护套代号	聚氯乙烯护套	V
	聚乙烯护套	Y
	弹性体护套	F
	挡潮层聚乙烯护套	A
	铅套	Q
铠装代号	双钢带铠装	2
	细圆钢丝铠装	3
	粗圆钢丝铠装	4
	双非磁性金属带铠装	6
	非磁性金属丝铠装	7
外护套代号	聚氯乙烯外护套	2
	聚乙烯外护套	3
	弹性体外护套	4

3）铜芯交联乙烯绝缘聚乙烯护套电力电缆，额定电压为 26/35kV，单芯，标称截面积 400mm^2，表示为 YJY-26/35-1×400。

4. 低压电缆敷设

配电电缆线路敷设分为直埋、排管、电缆沟、电缆隧道、水底电缆、电缆桥梁方式。

（1）直埋敷设。将电力电缆敷设于地下壕沟中，沿沟底和电缆上覆盖有软土层或沙且设有保护板，再埋齐地坪的敷设方式称为电缆直埋敷设。

（2）排管敷设。将电力电缆敷设于预先建设好的地下排管中的敷设方法，称为电缆排管敷设。

（3）电缆沟敷设。封闭式不通行、盖板与地面相齐或稍有上下、盖板可开启的电缆构筑物为电缆沟。将电力电缆敷设于预先建设好的电缆沟中的敷设方法，称为电缆沟敷设。

（4）电缆隧道敷设。容纳电力电缆数量较多、有供安装和巡视的通道、全封闭的电缆构筑物为电缆隧道。将电力电缆敷设于预先建设好的电缆隧道中的敷设方法，称为电缆隧道敷设。

（5）水底电缆敷设。水底电缆是指通过江、河、湖、海敷设在水底的电力电缆。主要使用在海岛与大陆或海岛与海岛之间的电网连接，横跨大河、大江或港湾以连接陆上架空输电线路，陆地与海上石油平台以及海上石油平台之间的相互连接，敷设水底电力电缆的敷设方式称为水底电缆敷设。

（6）电缆桥梁敷设。为跨越河道，将电力电缆敷设在交通桥梁或专用电缆桥上的电缆安装方式称为电缆桥梁敷设。

第二节　低压配电网主要设备

一、低压配电设备分级

根据用电负荷分级、负荷容量、供配电区域和供配电要求，低压配电设备分为一级配电设备、二级配电设备和末级（三级）配电设备等三个层级。从电源进线开始至用电设备，依次经过三级配电装置配送电力，即由总配电箱（一级箱）或配电室的配电柜开始，依次经过分配电箱（二级箱）、开关箱（三级箱）到用电设备。三级配电结构示意图如图1-56所示。

（1）一级配电设备。一级配电设备统称为动力配电中心。它们集中安装在企业的变电站，把电能分配给不同地点的下级配电设备。这一级设备紧靠降压变压器，电气参数要求较高，输出电路容量也较大。一级配电系统的主回路主要包括进线回路、无功补偿回路、出线回路、电动机控制回路、母线联络回路等。一级配电系统一般采用固定面板式配电柜、抽屉式配电柜或防护式（即封闭式）配电柜。

（2）二级配电设备。二级配电设备是动力配电系统和电动机控制中心的统称。这类设备安装在用电比较集中、负荷比较大的场所，如生产车间、建筑物等场所，把上一级配电设备的一回路或多回路电能就近分配给负荷。二级配电设备的电流和短路电流相对一级配电设备要小，并且无须配套无功功率补偿装置，一般采用防护式（即封闭式）配电柜、低压配电屏、动力柜（屏、箱）等，具备供电、控制以及过载、短路、漏电保护功能。

（3）末级（三级）配电设备。末级配电设备是照明配电箱和动力配电箱的统称，远离供电中心，其主要作用是将电力最终分配给各个用户。用于线路末端的小容量动力配电箱、照明配电控制箱是最常用的低压配电系统末级设备，因使用场合不同，外壳防护等级也不同，配电箱类型也不同。

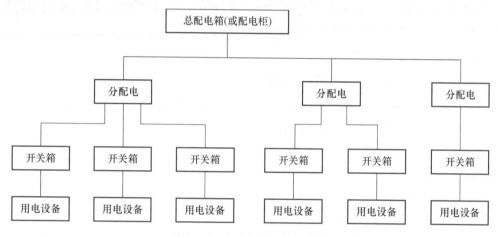

图 1-56　三级配电结构示意图

以小区供配电为例说明三级低压配电系统结构。小区供配电系统结构如图 1-57 所示。

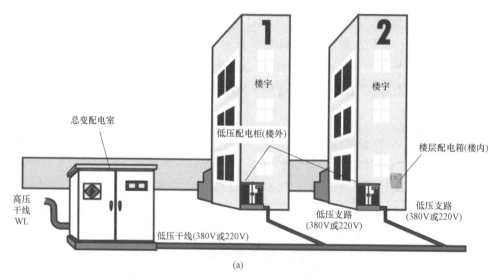

(a)

图 1-57　小区供配电系统结构图（一）

（a）小区供配电系统

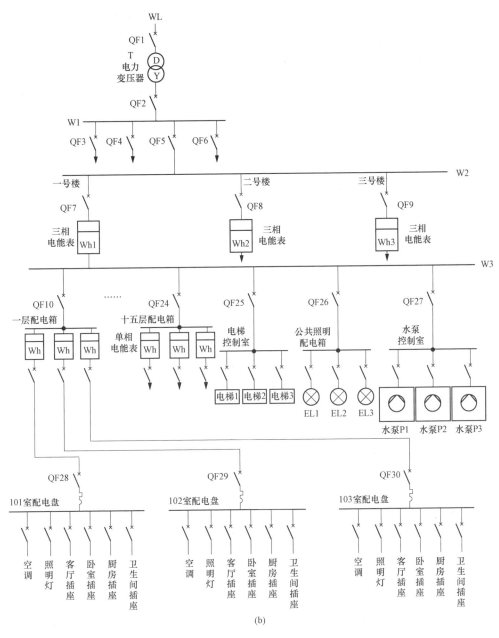

图 1-57 小区供配电系统结构图（二）

（b）小区供配电系统电气接线

二、低压配电柜

将一个配电单元的开关电器、保护电器、测量电器和必要的辅助设备等电器元件安装在标准的柜体中，就构成了单台配电柜。将配电柜按照一定的要求和接线方式组合，并用母线将各单台柜体的电气部分连接，构成了成套配电装置。低压配电装置的作用主要是进行电力分配，将经过配电变压器变换后的电压分配到各个用电单元。

（一）分类与组成

1. 低压配电柜分类

（1）固定面板式配电柜。固定面板式配电柜常称开关板或配电屏，是一种有面板遮拦的开启式配电柜，正面有防护作用，背面和侧面开放，仍能触及带电部分，防护等级低，只用于供电连续和可靠性要求较低的场合。

（2）封闭式配电柜［见图1-58（a）］。封闭式配电柜指除安装面外，其他所有侧面都被封闭起来的一种低压配电柜。这种配电柜的开关、保护和监测控制等电器元件，均安装在一个用钢材或绝缘材料制成的封闭外壳内，可靠墙或离墙安装。柜内每条回路之间可不加隔离措施，也可采用接地的金属板或绝缘板进行隔离。

（3）抽出式配电柜［见图1-58（b）］。抽出式配电柜通常称抽屉柜，采用钢板制成封闭外壳，进出线回路的电器元件都安装在可抽出的抽屉中，构成能完成某一类供电任务的功能单元。功能单元与母线或电缆之间，用接地的金属板或塑料制成的隔板隔开，形成母线、功能单元和电缆三个区域。每个功能单元之间也有隔离措施。抽出式配电柜有较高的可靠性、安全性和互换性，适用于对可靠性要求较高的低压供配电系统中作为集中控制的配电中心。

（4）动力、照明配电箱［见图1-58（c）］。动力配电箱主要用于动力设备配电。照明配电箱是在低压供电系统末端负责完成电能控制、保护、转换和分配的一种电气设备，广泛用于楼宇、广场、车站及工矿企业等场所。照明配电箱按安装方式分为封闭悬挂式（明装）和嵌入式（暗装）两种；按照安装地点分为室内式和室外式两种。照明配电箱主要由电线、元器件（隔离开关、断路器等）及箱体等组成，其内部还分别设有保护接地线和中性线（零线）的汇流排，以方便低压配电系统的接线。

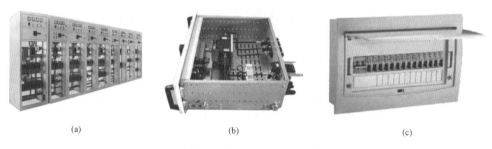

（a） （b） （c）

图1-58　低压配电柜外形图

（a）封闭式配电柜；（b）抽出式配电柜；（c）动力、照明配电箱

2. 低压配电柜组成

低压配电柜的基本组成部分包括柜体、母线、功能单元；基本结构包括母线室、电缆出线室、功能单元室和二次室。低压配电柜的结构示意图见图1-59所示。

低压配电柜的安装地点有室内安装和室外安装，安装方式有靠墙安装和离墙安装，固定方式有螺栓固定和电焊固定，出线方式有前接线和后接线，前接线的配电柜可以靠墙安

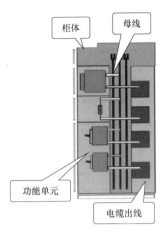
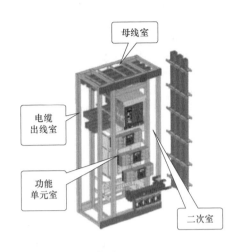

图 1-59 低压配电柜的结构示意图

装，后接线适用于离墙安装，进线方式有上进、下进、侧进和后进。低压配电柜进线方式示意图如图 1-60 所示。

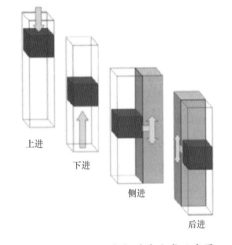

图 1-60 低压配电柜进线方式示意图

（二）型号与参数

1. 低压配电柜型号

低压配电柜的型号及含义如图 1-61 所示。我国新系列低压配电柜的型号由 6 位拼音字母或数字表示：

第 1 位是分类代号，即产品名称，P 表示开启式低压配电柜，G 表示封闭式低压配电柜；第 2 位是型式特征，G 表示固定式，C 表示抽出式，H 表示固定和抽出式混合安装；第 3 位是用途代号，L（或 D）表示动力用，K 表示控制用，这一位也可作为统一设计标志，如"S"表示森源电气系统；第 4 位是设计序号；第 5 位是主回路方案编号；第 6 位是辅助回路方案编号。

图 1-61 低压配电柜的型号及含义

我国低压配电柜按型号可分为 PGL1、PGL2、PGL3 型，JK 型，GGD 型，GCK（L）型，MNS 型，GCS 型，GHT 型，多米诺（DOMINO）型。

2. 低压配电箱的型号

低压配电箱的型号及含义如图 1-62 所示。

3. 主要技术参数

作为具体的产品设备，低压配电柜有许多描述产品特性的参数，如额定电压、额定频率、额定电流、额定短路开断电流和防护等级。

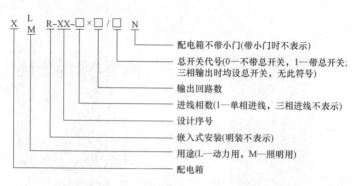

图 1-62　低压配电箱的型号及含义

（1）额定电压。额定电压包括主回路和辅助回路的额定电压，主回路的额定电压又分为额定工作电压和额定绝缘电压。前者表示开关设备所在电网的最高电压，后者指在规定条件下，用来度量电器及其部件的不同电位部分的绝缘强度、电气间隙和爬电距离的标准电压值。低压配电柜主回路额定工作电压有 220V、380V、660V 三个等级。

（2）额定频率。我国电网的频率是 50Hz。

（3）额定电流。额定电流包括水平母线额定电流和垂直母线额定电流，前者指低压配电柜中受电母线的工作电流，也是本柜总工作电流；后者指低压配电柜中作为分支母线也称馈电母线的工作电流，理论上讲，柜内所有馈电母线的工作电流之和等于水平母线电流，因此馈电母线电流小于水平母线电流。抽屉单元额定电流一般较小。我国标准规定，水平母线额定电流有 630、800、1000、1250、1600、2000、2500、3150、4000、5000；垂直母线额定电流有 400、630、800、1000、1600、2000A。

（4）额定短路开断电流。该电流表示低压配电柜中开关电器分断短路电流的能力。

（5）母线额定峰值耐受电流和额定短时耐受电流。该电流表示母线的动、热稳定性能。母线额定短时耐受电流（1s）：15、30、50、80、100kA；母线额定峰值耐受电流：30、63、105、176、220kA。

4. 防护等级

防护等级指外壳防止外界固体异物进入壳内触及带电部分或运动部件，以及防止水进入壳内的防护能力。防护等级用 IP 表示，是针对电设备外壳对异物侵入的防护等级，来源于标准 IEC 60529。标准中，IP 等级格式中包含两个阿拉伯数字，第一数字表示接触保护和外来物保护等级，第二数字表示防水保护等级。数字越大表示防护等级越佳。

（1）防尘等级。

0 级：无防护。无特殊的防护。

1 级：防止大于 50mm 的物体侵入。防止人体因不慎碰到内部零件或防止直径大于 50mm 的物体侵入；形象比喻是防止人紧握的拳头进入柜体。

2 级：防止大于 12mm 的物体侵入。防止手指碰到内部零件；形象比喻是防止人伸展的手掌进入柜体。

3 级：防止大于 2.5mm 的物体侵入。防止直径大于 2.5mm 的工具，电线或物体侵入；形象比喻是防止扁口螺钉旋具进入柜体。

4 级：防止大于 1.0mm 的物体侵入。防止直径大于 1.0 的蚊蝇、昆虫或物体侵入；形象比喻是防止大头针进入柜体。

5 级：防尘。无法完全防止灰尘侵入，但侵入灰尘量不会影响正常运作。

6 级：防尘。完全防止灰尘侵入。

（2）防水等级。

0 级：无防护。无特殊的防护。

1 级：防止滴水侵入。防止垂直滴下的水滴。

2 级：倾斜 15°时仍防止滴水侵入。当倾斜 15°时，仍可防止滴水。

3 级：防止喷射的水侵入。防止雨水或与垂直方向的夹角小于 50°方向的喷射水。

4 级：防止飞溅的水侵入。防止各方向飞溅而来的水侵入。

5 级：防止大浪的水侵入。防止大浪或喷水孔急速喷出的水侵入。

6 级：防止大浪的水侵入。侵入水中在一定时间或水压条件下，仍可确保正常运作。

7 级：防止水侵入。无期限沉没水中，在一定水压条件下，可确保正常运作。

8 级：防止沉没的影响。

（三）一次主回路

低压配电柜就是由低压元件、电线或铜排、柜体组成，电气产品包括主回路和控制回路，通常称主回路为一次电路，控制回路称二次电路。一次电路指用来传输和分配电能的电路，通过连接导体连接的各种一次设备而构成。一次电路又称主电路、主回路、一次线路、主接线等。二次电路指对一次设备控制、保护、测量和指示的电路。

低压成套开关设备种类较多，用途各异，主回路类型很多，差别也较大。同一型号的成套开关设备主回路方案少则几十种，多则上百种。

每种型号的低压配电柜，都由受电柜（进线柜）、计量柜、联络柜、双电源互投柜、馈电柜和电动机控制中心（MCC）、无功补偿柜等组成。例如国内统一设计的 GCK 型配电柜（电动机控制柜）的主回路方案共 40 种，其中电源进线方案 2 种，母联方式 1 种，电动机可逆控制方案 4 种，电动机不可逆控制方案 13 种，电动机 Y-△变换 5 种，电动机变速控制 3 种，还有照明电路 3 种、馈电方案 8 种，以及无功补偿 1 种。

（1）进线柜。也称受电柜，是用来从电力线路上接受电能的设备（从进线到母线），一般安装有断路器、电流互感器（TA）、电压互感器（TV）、隔离开关等元器件。

（2）出线柜。也称馈电柜，是用来分配电能的设备（从母线到各个出线），一般也安装有断路器、电流互感器、电压互感器、隔离开关等元器件。

（3）母线联络柜。也称母线分段柜，当变电站低压母线采用单母线分段制时，必须用开关连接两段母线，母线既可分段运行，也可将两段母线连接起来成为单母线运行。分段开关在简单和要求不高时可用刀开关；如果要求设母线保护和备用电源自投，则采用低压断路器。正常状态下，联络开关断开，两台变压器独立运行，当其中一台出现故障时，断开其总路开关，合上联络开关，其负荷供电由另一台提供保障。

（4）双电源互投柜。一些重要的生产场合及重要的用电单位，为提高低压配电系统的供电可靠性，一般用两个电源，一个作为工作电源，另一个作为备用电源。当工作电源故障或停电检修时，投入备用电源。备用电源的投入根据负荷的重要性以及允许停电的时间，可采用手动投入或自动投入方式，对供电可靠性要求高的采用双电源自动互投。

（5）电压互感器柜。一般是直接装设到母线上，以检测母线电压和实现保护功能，内部主要安装电压互感器、隔离开关、熔断器和避雷器等。

（6）电容器柜。也叫无功补偿柜，用作改善电网的功率因数用，主要的器件就是并联在一起的成组的电容器组、投切控制回路和熔断器等保护用电器。一般与进线柜并列安装，可以一台或多台电容器柜并列运行。

（7）计量柜。主要用作计量电能，又有高压、低压之分，一般安装有隔离开关、熔断器、电流互感器、电压互感器、有功电能表、无功电能表、继电器，以及一些其他的辅助二次设备（如负荷监控仪等）。

三、常见低压成套配电装置

（一）GGD 型固定式低压配电柜

GGD 型低压配电柜适用于发电厂、变电站、工业企业等电力用户，用于主变压器容量 2000kVA 及以下低配系统中作为动力、照明及配电设备的电能转换、分配与控制之用，具有分断能力高、稳定性好、结构新颖合理、电气方案灵活、系列适用性强、防护等级高等特点。GGD 低压配电柜实物见图 1-63 所示。

图 1-63　GGD 低压配电柜实物

GGD 型低压配电柜的柜体框架采用冷弯型钢焊接而成，框架上分别有模数化排列的安装孔，可适应各种元器件装配。柜门的设计考虑到标准化和通用化，柜门采用整体单门和不对称双门结构，清晰美观，柜体上部留有一个供安装各类仪表、指示灯、控制开关等元件用的小门，便于检查和维修。柜体的下部、后上部与柜体顶部均留有通风孔，并加网板密封，使柜体在运行中自然形成一个通风道，达到散热的目的。GGD 型低压配电柜使用的 ZMJ 型组合式母线夹由高阻燃 PPO 材料热塑成型，采用积木式组合，具有机械强度高、绝缘性能好、安装简单、使用方便等优点。

GGD 型低压配电柜根据电路分断能力要求可选用 DW15（DWX15）～DW45 等系列断路器，选用 HD13BX（或 HS13BX）型旋转操作式隔离开关和 CJ20 系列接触器等电器元件。GGD 型低压配电柜的主、辅电路采用标准化方案，主电路方案和辅助电路方案之间有固定的对应关系，一个主电路方案应有若干个辅助电路方案。GGD 型低压配电柜主电路一次接线方案举例见表 1-18。

表 1-18 GGD 型低压配电柜主电路一次接线方案

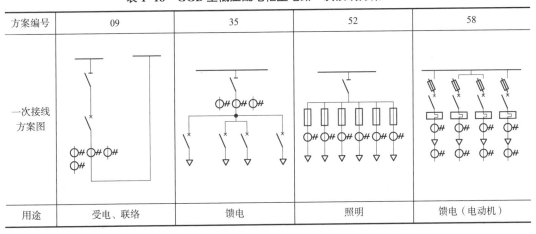

方案编号	09	35	52	58
一次接线方案图				
用途	受电、联络	馈电	照明	馈电（电动机）

GGD 型低压配电柜的外形尺寸为长×宽×高=(400,600,800,1000)mm×600mm× 2000mm（见图 1-64）。每面柜既可作为一个独立单元使用，也可与其他柜组合成各种不同的配电方案，因此使用比较方便。

（二）抽出式低压配电柜

1. GCK（L）型低压配电柜

GCK（L）型低压配电柜是抽出式的配电柜，一只柜子最多可安置 9 只抽屉，主要功能单元（抽屉）包含馈电单元、电动机控制单元、公用电源单元。抽出式配电柜可容纳较多的主电路，使用灵活方便，每个开关的电路发生故障时，可将它抽出进行检修，无故障的抽屉照常工作，从而缩小了停电范围。GCK 低压配电柜实物见图 1-65 所示。

GCK、GCL 系列低压抽出式配电柜母线系统采用三相五线制（3P+N+PE），适用于额定工作电压 380V，交流三相三线、三相四线系统，作为电力系统的发电厂、变电站、工矿企业和高层建筑中受电、馈电、无功功率补偿、电能计量、照明及电动机集中控制之用。

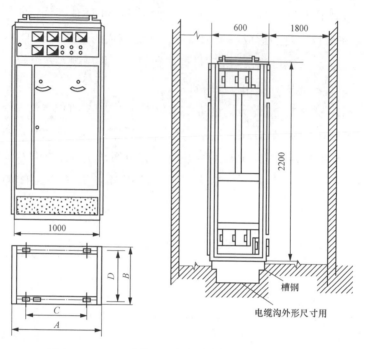

图 1-64　GGD 型低压配电柜外形尺寸及安装示意图

图 1-65　GCK 低压配电柜实物

GCK 系列主电路一次接线方案举例见表 1-19。外形尺寸高 2200mm、宽 600mm/800mm/1000mm/1200mm、深 800mm/1000mm。外形尺寸及安装示意如图 1-66 所示。

表 1-19 GCK 低压配电柜主电路一次接线方案

一次接线方案编号	BZf21S00	BLb63S00	GRk51S20	BQb14S00	HQj3IS20
一次接线方案图	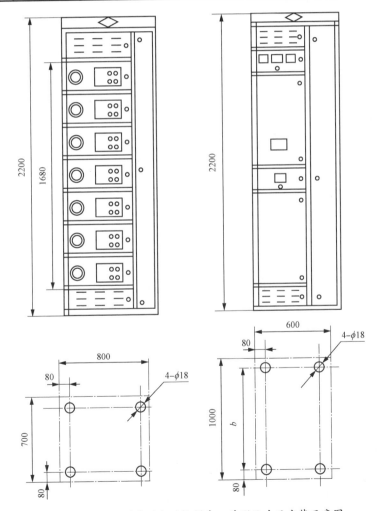				
用途	可逆	照明	馈电	不可逆	星三角

图 1-66 GCK 型系列电动控制中心外形尺寸及安装示意图

2. MNS 型低压配电柜

MNS 型低压配电柜适用于所有发电、配电和电力使用的场合，如公用事业、电厂、炼油厂、石油钻井平台、船舶、制造业、污水处理、建筑物和住宅等。

抽出式 MNS 柜内分成 3 个隔室：柜后部的水平母线隔室，柜前部左边的功能单元隔室，柜前部右边的电缆隔室。水平母线隔室与功能单元隔室之间用阻燃型发泡塑料合成的功能板分隔，电缆隔室与水平母线隔室、功能单元隔室之间用钢板分隔。

MNS 型低压配电柜外形尺寸为高 2200mm，宽 600mm/800mm/1000mm/1200mm，深 600mm/1000mm。

3. GCS 型低压配电柜

GCS 型低压配电柜适用于三相交流频率为 50（60）Hz，额定工作电压为 380（660）V，额定电流为 4000A 及以下的电力网络中的受电、馈电、电动机集中控制，无功功率补偿等使用的低压成套配电设备，可广泛应用于发电厂、石油、化工、纺织等行业及高层建筑的配电系统中。GCS 型低压配电柜的结构特点如下：

（1）框架的侧框装配形式设计分为两种，即全组装式结构和部分（侧框和横梁）焊接式结构，供用户选择。

（2）开关柜的各功能室相互隔离，其隔室分为功能单元隔室、母线隔室和电缆隔室。各隔室的作用相对独立。

（3）水平母线采用柜后平置式排列方式，以增强母线抗电动力的能力，是使主电路具备高短路强度能力的基本措施。

（4）接线方式为侧面接线，电缆隔室的设计使电缆上、下进出均十分方便。

4. 多米诺（DOMINO）型低压配电柜

多米诺（DOMINO）型低压配电柜是多年采用的固定面板式和封闭式低压配电柜（如 BSL、PGL 等）的换代产品。多米诺（DOMINO）型低压配电柜采用了体现现代设计思想的模块化、组合式结构，从而解决了传统固定式结构配电柜多年来给设计人员和用户带来的困扰和麻烦。由于柜体采用以基本模数为单位的单元组合，可以按用户需要任意增减单元数。

配电柜门的设计有独到之处，当开关柜开断故障电流，且电弧达到一定程度时，门可自动打开 10mm 进行排气，起到防爆作用。

多米诺（DOMINO）型低压配电柜基本模块单元尺寸为高 172mm、宽 431mm、厚 250mm，在 3 个方向上均可以基本模数值的倍数按需要进行增减，但高度方向一般推荐 12 个模数，即 12Hm（总高 2165mm，最多可设置 9 个抽屉），其进线方式灵活多样。

（三）低压综合配电箱

低压综合配电箱适用于城乡电网杆上公用配电变压器低压侧安装，简称 JP 柜，用于额定工作电压为 400V、额定频率为 50Hz、额定电流为 630A 及以下的配电系统中，户外柱上安装使用。集电力负荷监测、电能分配、自动化控制、重合闸、电能计量、预付费、远程遥测、微机保护、过载、监测补偿、电能质量监测等配变数据监测采集自动化控制记录于一体的低压综合配电装置，广泛应用于城网、农网改造等。低压综合配电箱实物如图 1-67 所示。

(a)

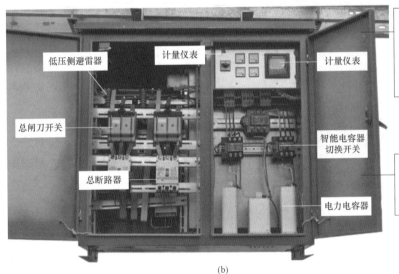

低压侧避雷器　计量仪表　计量仪表

总闸刀开关

总断路器

智能电容器切换开关

电力电容器

总配电箱安装完成后，需要对其内部的主要器件进行检测，确定内部各部件间的连接正常，完成低压综合配电箱的安装

总配电箱中主要包括总闸刀开关、总断路器、计量仪表、电力电容器等

(b)

图 1-67　低压综合配电箱实物

(a) 实物；(b) 内部器件介绍

　　外形尺寸 1350mm × 700mm × 1200mm 的低压综合配电箱，空间能够满足 400kVA 及以下容量配电变压器的 1 回进线、3 回馈线、计量、无功补偿、智能终端等功能模块安装要求。箱体外壳优先选用 304 不锈钢材料，也可选用纤维增强型不饱和聚酯树脂材料（SMC）。

　　电气主接线采用单母线接线，出线 1～3 回。进线宜选择带弹簧储能的熔断器式隔离开关，并配置栅式熔丝片和相间隔弧保护装置，出线开关选用断路器，并按需配置带通信接口的配电智能终端和 T1 级电涌保护器。TT 系统的剩余电流动作保护器应根据要求进行安装，不锈钢综合配电箱外壳单独接地。

杆架式综合配电箱采取悬挂式安装，下沿距离地面不低于 2.0m，有防汛需求可适当加高。在农村、农牧区等 D 类、E 类供电区域，低压综合配电箱下沿离地高度可降低至 1.8m，变压器支架、避雷器、熔断器等安装高度应做同步调整，并宜在变压器台周围装设安全固栏。低压进线采用交联聚乙烯绝缘软铜导线或相应载流量的电缆，由配电箱侧面进线，低压出线可采用电缆（铜芯、铝芯或稀土高铁铝合金芯）或交联聚乙烯绝缘软铜导线，由配电箱侧面出线，电杆外侧敷设，低压出线优先选择副杆，使用电缆卡箍固定；采用电缆入地敷设时，由配电箱底部出线。

（四）低压电缆分支箱

0.4kV 低压电缆分支箱是电力系统电缆化改造的配套设备，可装设于户外、户内或埋地的场所，可将电力电缆与箱式变压器、负荷开关柜、环网供电单元等连接起来，起到分接、分支、中继或转换作用，为电缆网格化提供极大的方便。

图 1-68 低压电缆分支箱实物

低压电缆分支箱安装方式可分为落地式和挂墙式，可安装于户内、户外，能适应多数使用场合的需要，外壳可采用 304 不锈钢，实现"三防一通"（即防雨雪、防腐、防飞虫、通风），电缆进出线孔配置了电缆防护套和电缆抱箍，便于现场安装作业，可按照用户需求灵活选用隔离开关、断路器等元器件作为进出线元件。低压电缆分支箱实物如图 1-68 所示。

四、常见低压开关设备

主要包括低压隔离开关、低压熔断器、低压断路器、剩余电流动作保护装置、交流接触器、控制继电器和浪涌保护器，下面分别介绍这几种装置。

（一）低压隔离开关

低压隔离开关的主要用途是隔离电源，在电气设备维护检修需要切断电源时，使之与带电部分隔离，并保持足够的安全距离，保证检修人员的人身安全。低压隔离开关可分为不带熔断器式和带熔断器式两大类。不带熔断器式隔离开关属于无载通断电器，只能接通或开断"可忽略的"电流，起隔离电源作用，带熔断器式隔离开关具有短路保护作用。

常见的低压隔离开关有 HD、HS 系列隔离开关，HR 系列熔断器式隔离开关，HG 系列熔断器式隔离器，HX 系列旋转式隔离开关熔断器组、抽屉式隔离开关，HH 系列封闭式开关熔断器组等。

（1）HD、HS 系列隔离开关。适用于交流 50Hz、额定电压 380V、直流至 440V、额定电流至 1500A 的成套配电装置中，作为不频繁的手动接通和分断交、直流电路或作隔离开关用。常见的 HD、HS 系列低压隔离开关如图 1-69 所示。

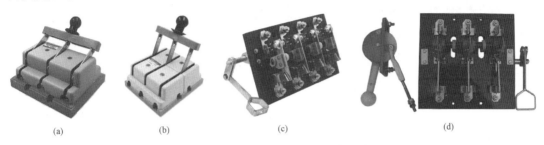

图 1-69　HD、HS 系列低压隔离开关

（a）HD11 隔离开关；（b）HS11 隔离开关；（c）HD12 隔离开关；（d）HS12 隔离开关

1）HD11、HS11 系列中央手柄式的单投和双投隔离开关，正面手柄操作，主要作为隔离开关使用。

2）HD12、HS12 系列侧面操作手柄式隔离开关，主要用于动力箱中。

3）HD13、HS13 系列中央正面杠杆操动机构隔离开关主要用于正面操作、后面维修的配电柜中，操动机构装在正前方。

4）HD14 系列侧方正面操作机械式隔离开关主要用于正面两侧操作、前面维修的配电柜中，操动机构可以在柜的两侧安装。

（2）HR 系列熔断器式隔离开关。主要用于额定电压交流 380V（45～62Hz）、约定发热电流 630A 的具有高短路电流的配电电路和电动机电路中，正常情况下，电路的接通、分断由隔离开关完成。故障情况下，由熔断器分断电路。HR 系列低压隔离开关如图 1-70 所示。

图 1-70　HR 系列低压隔离开关

（a）HR3 熔断器式隔离开关；（b）HR5 熔断器式隔离开关

HR 系列熔断器式隔离开关常以侧面手柄式操动机构来传动，熔断器装于隔离开关的动触片中间，其结构紧凑。作为电气设备及线路的过负荷及短路保护用。

HR 系列熔断器式隔离开关有 HR3、HR5、HR6、HR17 系列等。HR3 系列熔断器式隔离开关是由 RTO 有填料熔断器和隔离开关组成的组合电器，具有 RTO 有填料熔断器和隔离开关的基本性能。当线路正常工作时，接通和切断电源由隔离开关来完成；当线路发生过载或短路故障时，熔断器式隔离开关的熔体烧断，及时切断故障电路。正常运行时，保证熔断器不动作。当熔体因线路故障而熔断后，只需要按下锁板即可更换熔断器。

（3）HG 系列熔断器式隔离器。HG 系列熔断器式隔离器用于额定电压 380V（交流50Hz）、具有高短路电流的配电回路和在电动机回路中用于电路保护。HG 系列熔断器式隔离器由底座、手柄和熔断体支架组成，并选用高分断能力的圆筒帽型熔断体。操作手柄

能使熔断体支架在底座内上下滑动，从而分合电路。隔离器的辅助触头先于主触头断开，后于主电路而接通，这样只要把辅助触头串联在线路接触器的控制回路中，就能保证隔离器元件接通和断开电路。如果不与接触器配合使用，就必须在无载状态下操作隔离器。HG 系列熔断器式隔离器如图 1-71 所示。

当隔离器使用带撞击器的熔断体时，任一极熔断体

图 1-71　HG 系列熔断器式隔离器

熔断后，撞击器弹出，通过横杆触动装在底板上的微动开关，使微动开关发出信号，切断接触器的控制回路，这样就能防止电动机缺相运行。

（二）低压熔断器

1. 定义及类型

熔断器是一种最简单的保护电器，它串联于电路中，当电路发生短路或过负荷时，熔体熔断自动切断故障电路，使其他电气设备免遭损坏。熔断器一般由金属熔体、安装熔体的熔管和熔座组成。低压熔断器具有结构简单，价格便宜，使用、维护方便，体积小，质量轻等优点，因而得到广泛应用。

低压熔断器按结构形式不同，有触刀式、螺栓连接、圆筒帽、螺旋式、圆管式、瓷插式等形式。按用途不同可分为一般工业用熔断器、半导体保护用熔断器和自复熔断器等。常见各类型低压熔断器如图 1-72 所示。

2. 型号及含义

常用低压熔断器的型号及含义如图 1-73 所示。低压熔断器的产品系列、种类很多，常用的产品系列有 RL 系列螺旋管式熔断器，RT 系列有填料密封管式熔断器，RM 系列无填料封闭管式熔断器，NT（RT）系列高分断能力熔断器，RLS、RST、RS 系列半导体保护用快速熔断器，HG 系列熔断器式隔离器等。

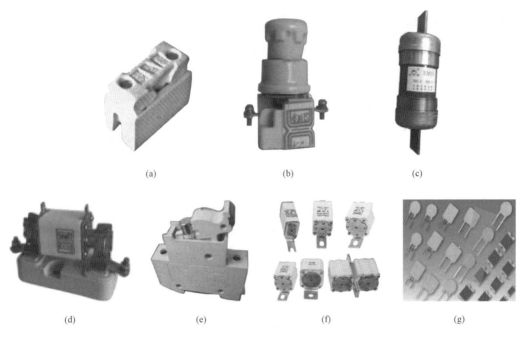

(a)   (b)   (c)

(d)   (e)   (f)   (g)

图 1-72 常见各类型低压熔断器

（a）RC1A 系列瓷插式熔电器；（b）RL1 系列螺旋式熔断器；（c）RM10 系列封闭管式熔断器；
（d）RT0 系列有填料封闭管式熔断器；（e）NG30 系列有填料封闭管式圆筒帽形熔断器；
（f）RS0、RS3 系列有填料快速熔断器；（g）自复式熔断器

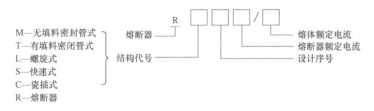

图 1-73 常用低压熔断器的型号及含义

3. 工作原理

当电路正常运行时，流过熔断器的电流小于熔体的额定电流，熔体正常发热温度不会使熔体熔断，熔断器长期可靠运行；当电路过负荷或短路时，流过熔断器的电流大于熔体的额定电流，熔体熔化切断电路。

1）技术参数。熔断器的主要技术参数有额定电压、额定电流和极限分断电流。

a. 额定电压。指熔断器长期能够承受的正常工作电压，熔断器的额定电压应等于熔断器安装处电网的额定电压。如果熔断器的工作电压低于其额定电压，熔体熔断时可能会产生危险的过电压。

b. 熔断器的额定电流。指在一般环境温度（不超过 40℃）下，熔断器外壳和载流部分长期允许通过的最大工作电流。

c. 熔体的额定电流。指熔体允许长期通过而不熔化的最大电流。一种规格的熔断器

可以装设不同额定电流的熔体，但熔体的额定电流应不大于熔断器的额定电流。

d. 极限分断电流。指熔断器能可靠分断的最大短路电流。

2）工作特性。

a. 电流-时间特性（见图1-74）。熔断器熔体的熔化时间与通过熔体电流之间的关系

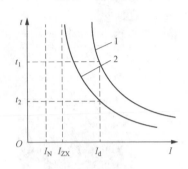

图1-74　熔断器的电流-时间
特性曲线

曲线，称为熔体的电流-时间特性，又称为安秒特性。熔断器的安秒特性由制造厂家给出，通过熔体的电流和熔断时间呈反时限特性，即电流越大，熔断时间就越短。图1-74中为额定电流不同的熔体1和熔体2的安秒特性曲线，熔体2的额定电流小于熔体1的额定电流，熔体2的截面积小于熔体1的截面积，同一电流通过不同额定电流的熔体时，额定电流小的熔体先熔断，例如同一短路电流流过两熔体时，熔体2先熔断。

b. 熔体的额定电流与最小熔化电流。熔体的额定电流指熔体长期工作而不熔化的电流，由熔断器的安秒特性曲线可以看出，随着流过熔体电流逐渐将少，熔化时间不断增加。当电流减少到一定值时，熔体不再熔断，熔化时间趋于无穷大，该电流值称为最小熔化电流。

c. 熔断器短路保护的选择性。选择性是指当电网中有几级熔断器串联使用时，如果某一线路或设备发生故障时，应当由保护该设备的熔断器动作，切断电路，即为选择性熔断；如果保护该设备的熔断器不动作，而由上一级熔断器动作，即为非选择性熔断。发生非选择性熔断时扩大了停电范围，会造成不应有的损失。在一般情况下，如果上一级熔断器的熔断时间为下一级熔断器熔断时间的3倍，就可能保证选择性熔断，当熔体为同一材料时，上一级熔体的额定电流为下一级熔体额定电流的2～4倍。

（三）低压断路器

1. 定义及类型

低压断路器俗称自动空气断路器或空气断路器，是利用空气作为灭弧介质的开关电器，不仅可以接通和分断正常负荷电流和过负荷电流，还可以接通和分断短路电流的开关电器。低压断路器在电路中除起通断控制作用外，还具有一定的保护功能，如过负荷、短路、欠电压和剩余电流动作保护等。

低压断路器按结构形式分为微型断路器、塑壳断路器和框架（万能）断路器。目前我国框架式断路器主要有DW15、DW16、DW17（ME）、DW45等系列；塑壳式断路器主要有DZ20、CM1、TM30等系列。

（1）微型断路器［见图1-75（a）］是一种结构紧凑、安装便捷的小容量塑壳断路器，微型断路器容量以1～63A为主，主要用来保护导线、电缆和作为控制照明的低压断路器，

所以亦称导线保护断路器。一般均带有传统的热脱扣、电磁脱扣，具有过载和短路保护功能。其基本形式为宽度在 20mm 以下的片状单极产品，将两个或两个以上的单极组装在一起，可构成联动的二、三、四级断路器。微型断路器广泛应用于高层建筑、机床工业和商业系统，随着家用电器的发展，现已深入到民用领域。国际电工委员会（IEC）已将此类产品划入家用断路器。

（2）塑壳断路器［见图 1-75（b）］所有部件都安装在塑料外壳中，没有裸露的带电部分，提高了使用的安全性，塑壳断路器容量以 80～800A 为主，一般用于配电馈线控制和保护、小型配电变压器的低压侧出线总断路器、动力配电终端控制和保护，以及住宅配电终端控制和保护，也可用于各种生产机械的电源断路器。小容量（50A 以下）的塑壳式断路器采用非储能式闭合，手动操作；大容量断路器的操动机构采用储能式闭合，可以手动操作，亦可由电动机操作。

（3）框架式断路器［见图 1-75（c）］又称万能式断路器，是在一个框架结构的底座上装设所有组件。由于框架式断路器可以有多种脱扣器的组合方式，而且操作方式较多，故又称为万能式断路器。框架式断路器容量较大，额定电流为 630～5000A，一般用于变压器 400V 侧出线总断路器、母线联络断路器或大容量馈线断路器和大型电动机控制断路器。

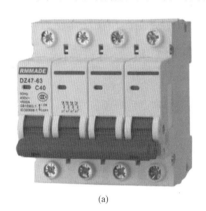

(a)   (b)   (c)

图 1-75 常见断路器类型

（a）微型断路器；（b）塑壳断路器；（c）框架断路器

2. 型号及含义

低压断路器的型号及含义如图 1-76 所示。

低压断路器的主要特征及技术参数有额定电压、额定频率、极数、壳架等级额定电流、额定运行分断能力、极限分断能力、额定短时耐受电流、过电流保护脱扣器时间-电流曲线、安装形式、机械寿命及电寿命等。

3. 基本结构及动作原理

低压断路器由脱扣器、触头系统、灭弧装置、传动机构和外壳等部分组成。脱扣器的种类有热脱扣器、电磁脱扣器、失压脱扣器和分励脱扣器等，其中热脱扣器是通过双金属

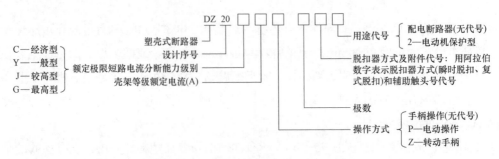

图 1-76　低压断路器的型号及含义

片过电流延时发热变形推动脱扣传动机构动作，主要用于断路器的过载保护；电磁脱扣器又称短路脱扣器或瞬时过流脱扣器，起短路保护作用；失压脱扣器与被保护电路并联，起欠电压或失电压保护作用。

低压断路器工作原理示意图如图 1-77 所示。断路器正常工作时，主触头串联于三相电路中，合上操作手柄，外力使锁扣克服反作用于弹簧的拉力，将固定在锁扣上的动、静触头闭合，并由锁扣扣住牵引杆，使断路器维持在合闸位置。当线路发生短路故障时，电磁脱扣器产生足够的电磁力将衔铁吸合，通过杠杆推动搭钩与锁扣分开，锁扣在反作用力弹簧的作用下，带动断路器的主触头分闸，从而切断电路；当线路过载时过载电流流过热元件使双金属片受热向上弯曲，通过杠杆推动搭钩与锁扣分开，锁扣在反作用力弹簧的作用下，带动断路器的主触头分闸，从而切断电路。

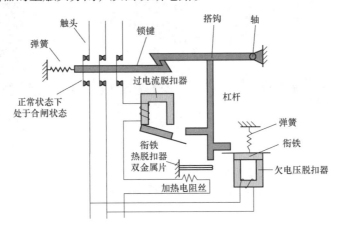

图 1-77　低压断路器工作原理示意图

（四）剩余电流动作保护装置

1. 定义及类型

剩余电流保护装置（residual current device，RCD）（俗称漏保）是在正常运行条件下，能接通承载和分断电流，以及在规定条件下当剩余电流达到规定值时，能使触点断开的机械开关电器或者组合电器。

剩余电流保护装置的功能：当电网发生人身（相与地之间）触电事故时，能迅速切断电源，可以使触电者脱离危险，或者使漏电设备停止运行，是防止直接接触电击事故和间接接触电击事故的有效措施之一，也是防止电气线路或电气设备接地故障引起电气火灾和电气设备损坏事故的技术措施。剩余电流动作保护装置实物如图1-78所示。

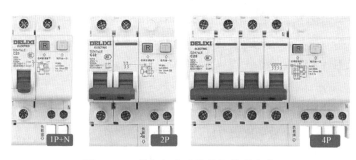

图1-78　剩余电流动作保护装置实物

剩余电流保护装置的分类如下：

（1）按照保护功能和结构特征分类，可分为剩余电流继电器、剩余电流开关、剩余电流断路器和漏电保护插座。

（2）按照工作原理分类，可分为电压动作型和电流动作型，前者很少使用，而后者则广泛应用。

（3）按照额定漏电动作电流值分类，可分为高灵敏、中灵敏和低灵敏，额定漏电动作电流分别为小于30mA、30～1000mA、大于1000mA。

（4）按照主开关的极数分类，可以分为单极二线、二极、二极三线、三极、三极四线和四极。

（5）按照动作时间分类，可分为瞬时型、延时型和反时限。其中，瞬时型的动作时间不超过0.2s。

2. 剩余电流保护装置的工作原理

剩余电流断路器是在普通塑料外壳式断路器中增加一个零序电流互感器和一个剩余电流脱扣器（又称为漏电脱扣器）组成的电器。剩余电流断路器原理如图1-79所示。

剩余电流是指流过剩余电流保护器主回路的电流瞬时值的矢量和（以有效值表示）。正常时，三相电流的磁场互相抵消，零序电流互感器二次侧没有电流。当有人站在地面上发生单相触电事故、线路中某一相导线绝缘

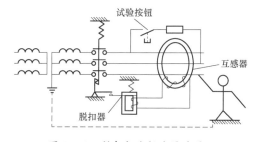

图1-79　剩余电流断路器的原理

严重损坏而导致漏电或电器设备金属外壳带电等情况发生时，零序电流互感器二次侧就有电流输出，剩余电流动作保护装置通过检测元件（指被保护线路穿过零序电流互感器圆孔构成的检测元件）取得发生异常情况的信息，经过中间机构的放大、转换和传递，当剩余

电流达到整定值时，能自动断开电路，保护人身和设备安全。四极剩余电流保护装置的工作原理与三极剩余电流保护装置类似，只不过四极剩余电流保护装置多了中性线这一极。

目前，剩余电流保护装置根据功能常用的有以下几种类别：只具有漏电保护断电功能，使用时必须与熔断器、热继电器、过流继电器等保护元件配套；同时具有过载保护功能；同时具有过载、短路保护功能；同时具有短路保护功能；同时具有短路、过负荷、漏电、过电压、欠电压功能。

3. 剩余电流动作保护装置的配置

目前新建住宅小区以 TN-S 系统为主，老旧站房以 TN-C-S 系统为主，架空台区以 TT 系统为主；乡镇及农村除少数地区以 TN-C 接线外，其他地区以 TT 为主。对于 TT、TN-C、TN-C-S、TN-S 不同接地方式下的剩余电流保护装置配置要求如下：

（1）TT 系统装设总保、中保和户保。

（2）TN-S 系统一般采用电缆供电，不强制装设总保和中保，只有在线路易发生漏电的情况下装设，应装设户保。

（3）TN-C 系统不装设总保（因中性线重复接地，故装设总保也无法运行），对末端形成的局部的 TT 系统可装设中保、户保。

（4）TN-C-S 系统不装设总保，中级保护在线路易发生漏电的情况下装设，装设户保。

总保及中保均属于延时型漏保，延时型漏保跳闸包含三要素，即漏电流幅值、分断时间、不动作时间（极限不驱动时间）。户保属于速断型漏保，跳闸要素为漏电流幅值。剩余电流动作保护装置整定配置具体见表 1-20，安装位置示意图如图 1-80 所示。

表 1-20　剩余电流动作保护装置整定值

剩余电流动作保护类型	额定剩余电流值（mA）	额定剩余电流动作值（mA）	跳闸时间（s）	极限不驱动时间（s）	级差配合（s）
总保（一级漏保）	500/300	0.5 倍及以上，一般设置在 0.7 倍或者 0.8 倍	0.5/0.3	0.3/0.2	0.2/0.1
中保（二级漏保）	100/50	0.5 倍	0.3/0.2	0.2/0.1	
户保（三级漏保）	30 及以下	0.5 倍	0.1	—	

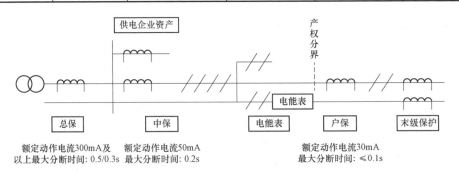

图 1-80　剩余电流保护装置安装位置示意图

（五）交流接触器

1. 定义及类型

接触器是一种自动电磁式断路器，用于远距离频繁地接通或开断交、直流主电路及大容量控制电路。接触器的主要控制对象是电动机，能完成启动、停止、正转、反转等多种控制功能，也可用于控制其他负载，如电热设备、电焊机和电容器组等。接触器按主触点通过电流的种类，分为交流接触器和直流接触器。交流接触器如图 1-81 所示。

图 1-81　交流接触器

2. 型号及含义

交流接触器的型号及含义如图 1-82 所示。常用交流接触器的型号为 CJ20 等系列，其主要特点是动作快、操作方便、便于远距离控制，广泛用于电动机、电热设备及机床等设备的控制。其缺点是噪声偏大，寿命短，只能通断负荷电流，不具备保护功能，使用时要与熔断器、热继电器等保护电器配合使用。

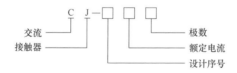

图 1-82　交流接触器的型号和含义

交流接触器主要由电磁系统、触点系统、灭弧装置及辅助部件等组成。电磁系统由电磁线圈、铁芯、衔铁等部分组成，其作用是利用电磁线圈的得电或失电，使衔铁和铁芯吸合或释放，实现接通或关断电路的目的。

交流接触器的触点可分为主触点和辅助触点。主触点用于接通或开断电流较大的主电路，一般由三对接触面较大的动合触点组成；辅助触点用于接通或开断电流较小的控制电路，一般由两对动合和动断触点组成。

3. 工作原理

交流接触器的工作原理如图 1-83 所示，当按下按钮，接触器的线圈得电后，线圈中流过的电流产生磁场，使铁芯产生足够的吸力，克服弹簧的反作用力，将衔铁吸合，通过传动机构带动主触点和轴助动合触点闭合，轴助动断触点断开。当松开按钮，线圈失电，衔铁在反作用力弹簧的作用下返回，带动各触点恢复到原来状态。

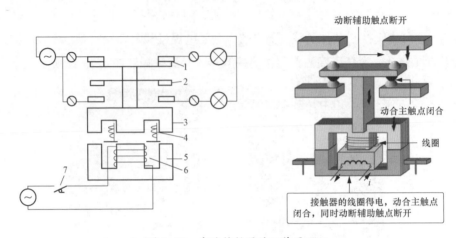

图 1-83　交流接触器的工作原理

1—静触点；2—动触点；3—衔铁；4—反作用力弹簧；5—铁芯；6—线圈；7—按钮

常用的 CJ20 等系列交流接触器在 85%～105% 额定电压时，能保证可靠吸合；电压降低时，电磁吸力不足，衔铁不能可靠吸合。对于运行中的交流接触器，当工作电压明显下降时，由于电磁力不足以克服弹簧的反作用力，衔铁返回，使主触点断开。

图 1-84 为水泵电路中接触器的功能应用。接触器 KM 主要是由线圈、一组动合主触点 KM-1、两组动合辅助触点和一组动断辅助触点构成的。闭合断路器 QS，接通三相电源，

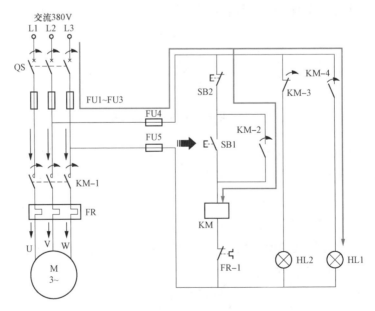

图 1-84　水泵电路中接触器的功能应用

380V 电压经交流接触器 KM 的动断辅助触点 KM-3 为停机指示灯 HL2 供电，HL2 点亮；按下启动按钮 SB1，接触器 KM 线圈得电，动合主触点 KM-1 闭合，水泵电动机接通三相电源启动运转。同时，动合辅助触点 KM-2 闭合实现自锁功能；动断辅助触点 KM-3 断开，切断停机指示灯 HL2 的供电 HL2 熄灭；动合辅助触点 KM-4 闭合，运行指示灯 HL1 点亮。

（六）控制继电器

控制继电器主要分为热继电器、电磁继电器、电压继电器、中间继电器和时间继电器。

1. 热继电器

（1）定义及类型。热继电器是一种电气保护元件。它是利用电流的热效应推动动作机构，使触点闭合或断开的保护电器，主要用于电动机的过载保护、断相保护、电流不平衡保护和其他电气设备发热状态时的控制。热继电器实物外形如图 1-85 所示。

图 1-85 常见热继电器实物外形

（2）型号及含义。热继电器是根据控制对象的温度变化来控制电流流过的继电器，即利用电流的热效应动作的电器，它主要用于电动机的过载保护。热继电器的型号及含义如图 1-86 所示，常用的热继电器有 JR20T、JR36、3UA 等系列。

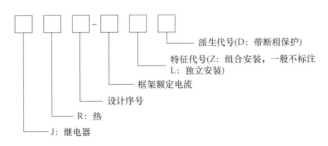

派生代号(D: 带断相保护)
特征代号(Z: 组合安装，一般不标注
L: 独立安装)
框架额定电流
设计序号
R: 热
J: 继电器

图 1-86 热继电器的型号及含义

（3）工作原理。热继电器由热元件、触点系统、动作机构、复位按钮和定值装置组成。热继电器的工作原理如图 1-87 所示。热继电器的发热元件是一段电阻不大的电阻丝，其缠绕在双金属片上，双金属片由两片膨胀系数不同的金属片叠加在一起制成。如果发热元件中通过的电流不超过电动机的额定电流，其发热量较小，双金属片变形不大；当电动机过载，流过发热元件的电流超过额定电流时发热量较大，为双金属片加温，使双金属片变形上翘。若电动机持续过载，经过一段时间之后，双金属片自由端超出扣板，扣板会在弹簧的拉力作用下发生角位移，带动辅助动断触点断开。在使用时，热继电器的辅助动断触点串接在控制电路中，当它断开时，使接触器线圈断电，电动机停止运行。经过一段时间之后，双金属片逐渐冷却，恢复原状。这时，按下复位按钮，使双金属片自由端重新抵住扣板，辅助动断触点又重新闭合，接通控制电路，电动机又可重新启动。热继电器有热惯性，不能用于短路保护。

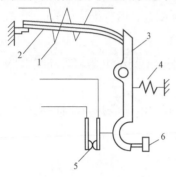

图 1-87　热继电器的工作原理

1—发热元件；2—双金属片；3—扣板；4—弹簧；5—辅助动断触点；6—复位按钮

2. 电磁继电器

（1）定义及类型。电磁继电器是一种利用线圈通电产生磁场来吸合衔铁而驱动触点开关通、断的器件。低压控制系统中采用的控制继电器大部分为电磁继电器，这是因为其结构简单、价格低廉，能满足一般情况下的技术要求。电磁继电器实物外形如图 1-88 所示。

图 1-88　常见电磁继电器实物外形

（2）型号及含义。电磁继电器的型号一般由主称代号、外形符号、短画线、序号和防特征符号等五部分组成，电磁继电器的型号及含义如图 1-89 所示。

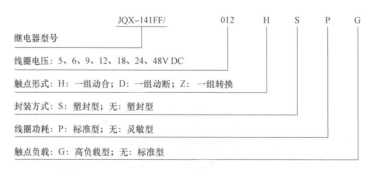

图 1-89　电磁继电器的型号及含义

（3）工作原理。图 1-90 中的电磁铁为拍合式电磁铁，当通过电流线圈的电流超过某一额定值，电磁吸力大于反作用力弹簧的力时，衔铁吸合并带动绝缘支架动作，使动断触点 10、11 断开，动合触点 6、7 闭合。反作用调节螺母用来调节反作用力的大小，即用来调节继电器的动作参数。

以图 1-91 所示电路为例介绍电磁继电器的工作原理。由于电磁继电器的线圈需要一定的电流才能驱动，因此通常用三极管来驱动继电器。若有控制信号（高电平）输入到三极管的基极，则三极管导通，电磁继电器线圈（1、2 脚）通电，此时线圈中的铁芯产生强大的电磁力，吸动衔铁

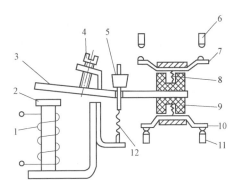

图 1-90　电磁继电器的结构示意图

1—电流线圈；2—铁芯；3—衔铁；4—制动螺栓；5—反作用调节螺母；6、11—静触点；7、10—动触点；8—触点弹簧；9—绝缘支架；12—反作用力弹簧

带动簧片，使触点 3、4 断开，4、5 接通，接通风扇的电源，达到控制的目的。当继电器线圈断电后，弹簧使簧片复位，使触点 3、4 接通，4、5 断开。我们只要把需要控制的电路接在触点 3、4 间（3、4 称为动断触点）或触点 4、5 间（称为动合触点），就可以利用继电器达到某种控制的目的。

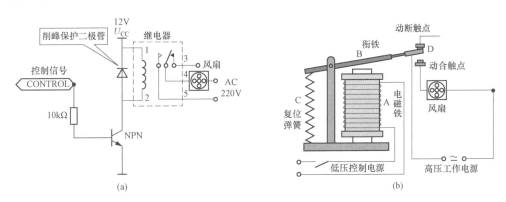

图 1-91　电磁继电器应用实例

（a）电磁继电器应用电路；（b）继电器应用实物简图

过电流继电器或过电压继电器在额定参数下工作时，其电磁继电器的衔铁处于释放位置。当电路出现过电流或过电压时，衔铁才吸合动作；而当电路的电流或电压降低到继电器的复归值时，衔铁才返回释放状态。

欠电流继电器或欠电压继电器在额定参数下工作时，其电磁继电器的衔铁处于吸合状态。当电路出现欠电流或欠电压时，衔铁动作释放；而当电路的电流或电压上升后，衔铁才返回吸合状态。

电流继电器与电压继电器在结构上的区别主要在线圈上，电流继电器的线圈与负载串

联，用以反映负载电流，故线圈匝数少、导线粗；电压继电器的线圈与负载并联，用以反映电压的变化，故线圈匝数多、导线细。

中间继电器的触点量较多，在控制回路中起增加触点数量和中间放大作用。由于中间继电器的动作参数无须调节，所以中间继电器没有调节弹簧装置。

3. 时间继电器（KT）

（1）定义及类型。时间继电器是利用电磁原理或机械原理实现触头延时闭合或延时断开的自动控制电器。常用的种类有空气阻尼式、电子式和数字式。各类时间继电器的外形以及特点见表 1-21。

表 1-21　各类时间继电器的外形以及特点

类型	外形	特点
空气阻尼式时间继电器		采用气囊式阻尼器延时，延时精度不高；结构简单，价格便宜，使用和维修方便。有通电延时型、断电延时型等
电子式时间继电器		采用大规模集成电路，保证了高精度及长延时；规格品种齐全，有通电延时型、断电延时型、间隔延时型等；使用单刻度面板及大型设定旋钮，刻度清晰，设定方便
数字式时间继电器		采用专用集成电路，具有较高的延时精度，延时范围宽；使用轻触按键设定时间，整定方便直观；具备数字显示功能，能直观地反映延时过程，便于监视

（2）型号及含义。空气阻尼式时间继电器常用的产品有 JS7 和 JS23 两个系列。JS7 系列空气阻尼式时间继电器结构简单、价格低，但延时范围小且延时精度及稳定性较差。系列产品有 JS7-1A、JS7-2A、JS7-3A 和 JS7-4A 四种。空气阻尼式时间继电器的型号及含义如图 1-92 所示。

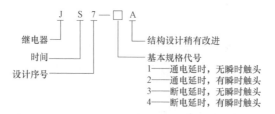

图 1-92　时间继电器的型号及含义

（3）工作原理。空气阻尼式时间继电器又称气囊式时间继电器，它是利用空气阻尼的原理配合微动断路器来产生延时效果的，主要由电磁机构、触点系统和延时机构组成。电磁机构为直动式双 E 型，触头系统是借用 LX5 型的微动开关，延时机构采用气囊式阻尼器。空气阻尼式时间继电器结构如图 1-93 所示。

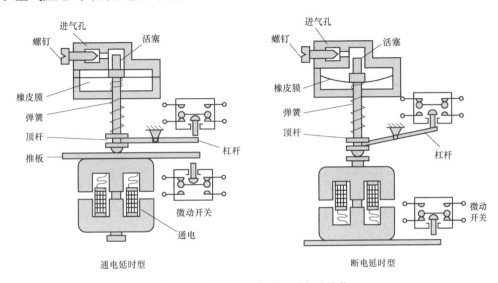

图 1-93　空气阻尼式时间继电器结构

图 1-94 为电动机间歇控制中时间继电器的功能应用。该电路是由时间继电器控制的电动机间歇控制电路，当时间继电器 KT1 和 KT2 的线圈在通电一段时间后（预先设定的电动机运转/停机时间），延时常开触点 KT1-1 闭合，延时常闭触点 KT2-1 断开；当时间继电器 KT1 和 KT2 的线圈失电后，相关触点无须时间延时即可复位动作。

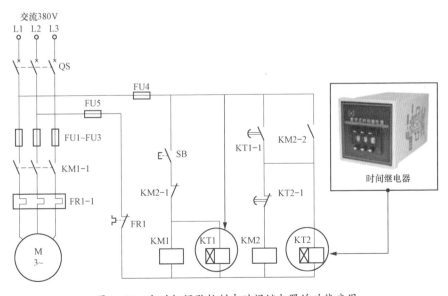

图 1-94　电动机间歇控制中时间继电器的功能应用

（七）浪涌保护器

1. 定义及类型

浪涌保护器（surge protection device，SPD）主要用于低压配电系统中瞬态过电压的

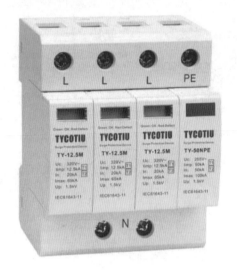

图 1-95　浪涌保护器

防护，能够把窜入电力线、信号传输线的瞬时过电压限制在设备或系统所能承受的电压范围内，或将强大的雷电流泄流入地，保护被保护的设备或系统不受冲击而损坏。浪涌保护器如图 1-95 所示。

瞬态过电压是指在电路中叠加到系统标称电压上的一种剧烈脉冲，幅值可达到标称电压的数十倍，持续时间极短，一般包括雷电过电压和操作过电压。比如当雷电落在建筑物或者建筑物附近以及输电线路，会侵入或感应出数十千伏的瞬态过电压，并沿着线路侵入配电回路而损坏电气电子设备，为了保护电气电子设备免遭雷击过电压的损坏，低压配电系统必须安装电涌保护器。

避雷器或避雷装置可预防雷电过电压，一般与外线路直接相连，主要用于雷电侵袭的第一级保护设备。而电涌保护器一般不会直接与架空线路相连。它是在避雷器消除雷电波的直接入侵后，尚未对雷电波降低到安全程度后的补充措施。浪涌保护器主要类型包括：

（1）开关型。电压型 SPD 在无电涌时呈现高阻状态。当出现涌流时，当涌流电压达到一定幅值时，电压型 SPD 突然变为低阻抗。通常采用放电间隙、充气放电管、可控硅整流器或三端双向可控硅元件做电压开关型电涌保护器的组件，也称"克罗巴型"电涌保护器。具有不连续的电压、电流特性。电压型 SPD 具有流通量大的特点，适用于 LPZ0 区和 LPZ1 区界面的雷电电涌保护。

（2）限压型。限压型 SPD 在无电涌出现时为高阻抗，当出现涌流时，随着电涌电流和电压的增加，阻抗连续变小，通常采用压敏电阻、抑制二极管作限压型电涌保护器的组件，也称"箝压型"电涌保护器，具有连续的电压、电流特性。限压型 SPD 箝位电压比电压开关型 SPD 要低，但流通容量较小，一般用于 LPZ0 及之后的电涌保护。

（3）复合型。由电压开关型元件和限压型元件组合而成的电涌保护器，其特性随所加电压的特性可以表现为电压开关型、限压型或电压开关型和限压型皆有。

2. 结构和参数

浪涌保护器的类型和结构按不同的用途有所不同，但它至少应包含一个非线性电压限制元件。用于浪涌保护器的基本元器件有放电间隙、充气放电管、压敏电阻、抑制二极管和扼流线圈等。浪涌保护器的主要参数包括：

（1）标称放电电流 I_n（额定放电电流）。IEC 及 GB 50057—2010 均以 I_n 作为考查浪涌保护器放电能力及产品性能分类的标准值，I_n 反映了浪涌保护器的耐雷能力。

（2）最大持续运行电压 U_c。可持续加于电涌保护器两端而使浪涌保护器不动作、不烧损的最大运行电压值。TN 系统 $U_c > 1.15U_n$；TT 系统 $U_c > 1.55U_n$；IT 系统 $U_c > 1.15U_n$。

（3）残压 U（限制电压）。U 反映了浪涌保护器限制浪涌过电压的能力，其值应不大于所保护对象耐压等级。

3. 保护分级

低压配电系统中浪涌保护器的防护等级分为三级，一级浪涌保护器提供最高级别的保护，而二级和三级浪涌保护器提供逐渐降低的保护级别。

（1）一级。一级浪涌其主要作用是泄流，主要用于 LPZ0 区与 LPZ1 区分界处（总配电箱、低压变压器进线柜）防止浪涌电压直接从 LPZ0 区传导进入 LPZ1 区，使系统设备免遭雷电击中线路而引起的浪涌电流损害。应为三相电压开关型电源防雷器，其雷电通流量不应低于 60kA，一般用于总配电。

（2）二级。二级浪涌保护器主要作用是限压，它将第一级 SPD 的残留浪涌电压值限定到 1.5～2.0kV，用于 LPZ1 区与 LPZ2 区分界处或以后的雷电防护分界处（楼层配电箱、电表箱或终端箱），防止由于间接雷击或开关操作引起的瞬态浪涌电压。分配电柜线路输出的电源防雷器作为第二级保护时应为限压型电源防雷器，其雷电流容量不应低于 20kA。

（3）三级。三级浪涌保护器的主要作用是钳压，它可以将残留浪涌电压减少到 1000V 之内，适用于线路末端用电设备的进一步保护，在电子信息设备进线端安装电源 SPD 作为第三级保护。作为第三级保护时应为串联式限压型电源防雷器，其雷电通流容量不应低于 10kA。一般用于终端配电设备。

五、接地装置

1. 基本概念

为了保证电气设备和人身的安全，整个电力系统中，包括发电、变电、输电、配电和用电的每个环节，所使用的各种电气设备和电器装置都需要接地。接地是指电气设备和装置的某一点与大地进行可靠的电连接。接地种类及其作用如下：

（1）工作接地。为了保证设备正常且可靠地运行，将供电系统中的某点与地做可靠金属连接。例如变压器的中性点与接地装置的可靠金属连接，作用是降低人体的接触电压，当发生单相接地短路时，能使保护装置迅速动作切断故障。工作接地是低压电网运行的主要安全设施，工作接地电阻必须小于 4Ω。

（2）保护接地。将电力设备的金属外壳与接地装置连接。作用是防止设备绝缘损坏而使外壳带电，危及人身安全和设备安全。一般低压系统中，保护接地电阻应小于 4Ω。

（3）防雷接地。针对防雷保护的需要而设置的接地。例如避雷器的接地，目的是使雷电流顺利导入大地，以利于降低雷电过电压。

（4）防静电接地。为防止静电对易燃油、天然气储罐和管道等的危险作用而设的接地。

2. 结构与类型

（1）基本结构。接地装置由接地体和接地线两部分组成。

接地体（极）是埋入地中并直接与大地接触的金属导体，分为自然接地体和人工接地体。架空配电线路人工接地体可采用垂直埋入的圆钢、钢管或角铁，垂直接地体一般采用开挖一定深度后，再行打入土中。根据土壤电阻率或设备工作接地及保护接地共用等可增加垂直接地体数量，用扁钢、圆钢水平进行连接。

接地线是电气设备、设施的接地端子与接地极连接用的金属导体，也称为接地引下线，分为自然接地线和人工接地线。接地引下线应与接地装置可靠连接（可焊接），且一般不应与拉线及拉线抱箍相接触。接地引下线从地面至2.5m高宜采用保护管防护。

（2）主要类型。接地装置分为单极接地装置、多极接地装置和接地网络。

1）单极接地装置简称单极接地［图1-96（a）］，由一支接地体构成，适用于接地要求不太高而设备接地点较少的场所。

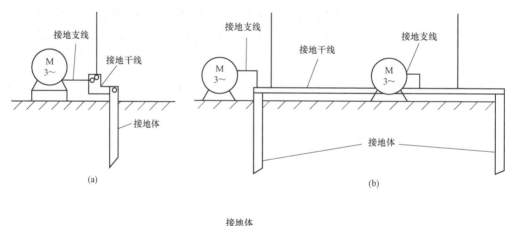

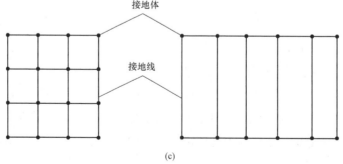

图 1-96 接地装置的类型

（a）单极接地装置；（b）多极接地装置；（c）接地网络

2）多极接地装置［见图1-96（b）］由两支或两支以上接地体构成，应用于接地要求较高而设备接地点较多的场所，用来达到进一步降低接地电阻的目的。

3）接地网络［见图 1-96（c）］是指由多支接地体按一定的排列相互连接所形成的网络，其应用于发电厂、变电站、配电所和机床设备较多的车间、工厂或露天加工厂等场所。接地网络既方便了设备群的接地需要，又加强了接地装置的可靠性，也降低了接地电阻。原则上要求接地装置的接地电阻越小越好，但也应考虑经济合理，以不超过规定的数值为准。

3. 技术要求

接地电阻是接地极或自然接地极的对地电阻和接地线电阻的总和。接地电阻的数值等于接地装置对地电压与通过接地极流入地中电流的比值。按通过接地极流入地中工频交流电流求得的电阻称为工频接地电阻。接地电阻是接地装置技术要求中最基本、最重要的技术指标。

（1）接地电阻要求。对接地电阻的要求，一般根据以下几个因素决定：

1）需接地的设备容量。容量越大，接地电阻应越小。

2）需接地的设备所处地位。凡所处地位越重要的设备，接地电阻就应越小。

3）需接地的设备工作性质。工作性质不同，要求也不同。如配电变压器低压侧中性点工作接地的接地电阻就比避雷器工作接地的接地电阻要小些。

4）需接地的设备数量或价值。被接地设备的数量越多或者价值越高，要求接地电阻也就越小。

5）几个设备共用的接地装置。此时接地电阻应以接地要求最高的一台设备为标准。

综上，原则上要求接地装置的接地电阻越小越好，但也应考虑经济合理，以不超过规定的数值为准。

（2）下列设备必须进行良好的接地：

1）铁杆（含钢管电杆、铁塔）。

2）变压器外壳；配电变压器低压侧中性点（设计明确不接地除外）。

3）柱上开关（油、真空）外壳。

4）电缆头金属护层。

5）低压交流配电箱、无功补偿箱、控制箱、分接箱、接户线箱、电表箱外壳及低压接户线绝缘子铁脚（必要时）。

6）城镇地区低压三相四线制线路干线、分支线终端处零线应重复接地。

7）避雷器的接地端。

测量接地电阻应在干燥的季节内进行，柱上变压器、配变站、柱上开关设备、电容器设备的接地电阻测量每两年至少一次；其他设备的接地电阻测量每4年至少1次。

（3）接地电阻数值规定如下：

1）变压器中性点接地电阻，凡容量在100kVA及以下者不应大于10Ω，容量在100kVA

以上者不应大于 4Ω，在土壤电阻率大于 500Ω·m 的地区，不宜大于 30Ω。

2）防雷接地和设备金属外壳接地，不大于 10Ω。

3）铁杆接地电阻，不宜超过 30Ω。

4）城镇地区三相四制线路，每个重复接地装置的接地电阻不应大于 30Ω，且重复接地不应少于 3 处。

5）对于无建筑物屏蔽的低压架空线路，其接户线的绝缘子铁脚宜接地，接地电阻不应超过 30Ω。如果距线路接地点不超过 50m，则可不接地。

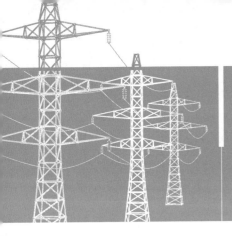

第二章
配电网不停电作业基础

当前，10kV 不停电作业广泛开展、技术成熟，已成为配电网检修的主要技术手段，而 0.4kV 不停电作业正处于大力推广应用阶段，其安全防护、作业方法、作业流程及工器具等技术原理也主要借鉴 10kV 不停电作业，学习掌握 10kV 不停电作业技术原理有助于更好地掌握 0.4kV 不停电作业相关技术，因此本章第一节、第二节内容主要借鉴和介绍 10kV 不停电作业基本原理和安全措施，第三节则主要介绍 0.4kV 不停电作业具体项目，并与 10kV 不停电作业进行比较分析。

第一节　不停电作业基本原理

一、基本概念

配电网不停电作业是以实现用户不中断供电为目的，采用带电作业、旁路作业等方式对配电网设备进行检修的作业方式，是国际先进企业的通用做法。

"带电作业"具有两层含义：①电气设备包括输电线路、配电线路和变电站的各种电气设备，必须是带电而不是停电的状态；②对带电的电气设备进行检修、安装、调试、改造和测量等工作的统称。

在电气设备带电状态下进行的带电作业工作，有别于一般意义停电状态下的工作。作业人员必须在带电作业区域进行工作，带电的电气设备所产生的电场、磁场、电流和电弧有可能对作业人员的身体产生严重危害。因此，必须对进入带电作业区域内进行工作的人员采取有效的保护措施，才能确保作业人员安全。带电作业人员必须经过专项作业培训、训练和持证（带电作业资质证书）上岗，使用特殊工具按照科学的程序进行安全作业，以保证人体与带电体及接地体之间不形成危及人身安全的电气回路，保证工作环境安全。在开展带电作业时，必须把人身安全保障放在首要位置，这是带电作业的前提和基础。

二、安全防护要求

电对人体的危害主要表现为以下三种情况：①电流的危害；②电弧的危害；③电场的危害。下面将分别介绍每一种危害及其防护。

1. 电流危害及其防护

人体的不同部位同时接触了有电位差（相与地或相与相之间）的带电体产生的电流伤害称为电流危害。如人站在地面上，如果直接接触高于地电位的带电导线，就会形成一个闭合回路，于是就会有一个电流流过人体，这种现象称之为"触电"（包括单相触电、两相触电、跨步电压和接触电压触电等）。

（1）触电危害及影响因素。触电造成的伤害包括电击与电伤。电击是指电流通过人体时所造成的内伤，包括直接和间接触电，它能使肌肉抽搐，内部组织损伤，造成发热、发麻、神经麻痹等，严重时将引起昏迷、窒息，甚至死亡。电伤是指（在电流的热效应、化学效应、机械效应以及电流本身作用下造成的）人体外伤，常见电伤有灼伤、烙伤、皮肤金属化等现象。电流伤害人体的主要因素有如下几个。

1）电流的大小。通过人体的电流越大，对人体的伤害越严重。人体对不同大小电流的反应见表 2-1 所示。人体允许电流是指发生触电后触电者能自行摆脱电源、解除触电危害的最大电流，是人体遭电击后可能延续的时间内不至于危及生命的电流。通常情况下人体的允许电流因性别而异男性为 9mA，女性为 6mA。

表 2-1　人体对不同大小电流的反应　　　　　　　　　　单位：mA

生理反应	感知	震惊	摆脱	呼吸痉挛	心室纤维性颤动
男性	1.1	3.2	16.0	23.0	100
女性	0.8	2.2	10.5	15.0	100

2）电压的高低。人体接触的电压越高，流过人体的电流越大，对人体伤害越严重。在不带任何防护设备的条件下，当人体接触带电体时，对各部分组织均不会造成伤害的电压值叫作安全电压。安全电压值由人体允许电流和人体电阻的乘积决定，我国规定工频电压有效值 12V、24V、36V 三个电压等级为安全电压级别。安全电压是否安全与人的现时状况、触电时间长短、工作环境、人与带电体的接触面积和接触压力等都有关系。

3）电流频率的高低。40～60Hz 的交流电最危险，随着频率的增高，危险性将降低。

4）通电时间的长短。通电时间越长，人体电阻降低，通过人体的电流将增加，触电危险也增加。技术上常用触电电流与触电持续时间的乘积（电击能量）来衡量电流对人体的伤害程度。若电击能量超过 150mA·s 时，触电者就有生命危险。

5）电流通过人体的路径。电流通过头部可使人昏迷，通过脊髓可能导致瘫痪，通过心脏将造成心跳停止，血液循环中断。

6）人体状况及电阻的大小。人体电阻越大，遭受电流的伤害越轻。人体电阻包括体内电阻、皮肤电阻和皮肤电容。皮肤电容很小，可忽略不计；体内电阻基本上不受外界影响，差不多是定值，约为 0.5kΩ；皮肤电阻占人体电阻的绝大部分。通常认为人体电阻为

$1 \sim 2k\Omega$，但皮肤电阻随外界条件的不同可在很大范围内变化。

（2）引起电击的电流防护。在带电作业中，对电流的防护主要是严格限制流经人体的稳态电流不超过 1mA（1000μA）、暂态电击不超 0.1mJ。同时还应特别注意的是，泄漏电流超标后也是一种对人体伤害较大的电流。带电作业遇到的泄漏电流主要是指沿绝缘工具（包括绝缘操作杆和承力工具）表面流过的电流。

泄漏电流过大主要出现在以下几种情况：①雨天作业时；②晴天作业，空气湿度较大时；③绝缘工具材质差，表面加工粗糙，且保管不当，使其受潮时。试验证明：泄漏电流随空气相对湿度和绝对湿度的增加而增大，同时，也与绝缘工具表面状态（即是否容易集结水珠）有关。当绝缘工具表面电阻下降，泄漏电流达到一定数值时，便在绝缘工具表面出现起始电晕放电，最后导致闪络击穿，造成事故；即使泄漏电流未达到起始电晕放电值，增大到一定值时也会使操作人员有麻电感觉，这对作业人员而言，是较大的安全隐患。

防止泄漏电流的主要措施有：①选择电气性能优良的材料作为绝缘工具材料，避免选用吸水性较大的材料；②加强保管，严防绝缘工具受潮、脏污；③操作绝缘工具时应戴清洁、干燥的专用手套，并应防止绝缘工具在使用中脏污和受潮；④使用工具前，应仔细检查其是否损坏、变形、失灵。并使用 2500V 绝缘电阻表或绝缘检测仪进行分段绝缘检测（电极宽 2cm、极间宽 2cm），其阻值应不低于 700MΩ。

2. 电弧伤害及其防护

当大量电流流过空气，会出现弧状白光并产生高温，这种放电现象称为电弧。电弧放电的特点有电压不高、电流较大，产生的温度很高，可达几千甚至上万摄氏度。电弧点燃时，周围空气被电离，产生耀眼的弧光，其本质是气体等离子体燃烧过程。电弧放电过程会伴随巨大的光学辐射，对其进行光谱分析可知，电弧光的能量主要集中在 300～400nm 的紫外光波段和 400～700nm 的可见光波段，可能对人体皮肤和眼睛造成伤害。

（1）电弧对人体的安全风险。相间或相地短路产生电弧会释放巨大的能量，进而对附近人员造成严重的伤害。例如直接触及电弧会侵害人的肌肉、神经等，与电击伤害相似；电弧燃烧造成的热辐射会使作业人员的皮肤严重烧伤，强烈的光辐射会刺伤眼睛造成暂时性失明，爆破性的声音会使耳膜、内脏震损，电弧燃烧所产生的有毒气体会伤害呼吸系统等。

（2）电弧对设备的安全风险。电弧的产生是空气中高阻抗电流放电的过程，通常伴随巨大的光能和热能释放。例如，在一条短时耐受电流为 25A、电弧电压约为 600V 的 20kV 电力系统中，故障电弧释放的能量为 40.5MJ，这一能量能在 1s 内可使 15.6L 水蒸发掉，或使 42kg 的铁熔化。高温对空气加温而膨胀，而铜排汽化时，体积膨胀可达 67000 倍，从而使低压柜内压力急剧上升，产生的爆破压可造成配电柜盘体变形甚至破碎。电弧光加热空气产生的巨大压力可以折断 10mm 直径的螺栓。电弧火灾在没有灭弧保护的情况下，通常可以直接熔毁配电柜或一整套机组，使其无法修复。电弧故障还可能波及站用系统，从而形成系统性故障，造成巨大的直接和间接经济损失。

（3）电弧的安全保护。通过上面对电弧危害的表述可知，电弧无论是对作业人员还是设备的危害都是巨大的。在带电作业时，为防止出现电弧伤害，采取以下措施：①作业人员必须严格遵守作业规程。②作业人员应合理配置个人电弧防护用品，以避免、降低电弧所造成的伤害。需要强调的是，使用个人防护装置永远都不能代替对安全操作规范的重视，因此必须对作业人员强调严格遵守作业规程的重要性。③与带电体（或接地体）保持规定的安全距离（空气气隙）。

3. 电场危害及其防护

带电作业中遇到的电场几乎都是不对称分布的极不均匀电场。运行中的导线表面及周围空间也存在着电场且属于不均匀电场，其表面的电场强度高于周围空间的电场强度。在带电作业的全过程中，人体处于空间电场的不同位置，人体各部位体表的场强也不一样。在作业人员进行电位转移的瞬间，手接触导线时手与导线之间的气隙处的场强非常大，会导致手指与导线之间发生放电，直到手指握住导线后，放电才会停止。

（1）人体在电场中的感觉。带电作业人员在带电体附近工作时（即在电场中，特别是在电场场强达到一定强度时），尽管人体没有接触带电体，人体距离带电体符合安全距离的要求，但人体仍然会由于空间电场的静电感应而产生"针刺感""风吹感""蛛网感""异声感"等不舒适感觉。

（2）工频电场的电击。

1）暂态电击。暂态电击是指在人体接触电场中对地绝缘的导体的瞬间，聚集在导体上的电荷以火花放电的形式通过人体对地突然放电。这种放电的电流成分复杂，通常以火花放电的能量来衡量其对人体危害性的程度。

2）稳态电击。稳态电击是在等电位作业和间接带电作业中，由于人体对地有电容，人体也会受到稳态电容电流的电击，该电击对人体造成损伤的主要因素是流经人体电流的大小。

（3）强电场防护。强电场防护的目的是抑制强电场对人体产生的不适感觉，减小工频电场对人体的长、短期生态效应，人体面部裸露出的局部场强允许值为 240kV/m（2.4kV/cm）。

由于绝缘工具置于空气中以及人体与带电体之间充满空气时，在强电场的作用下，沿绝缘工具表面闪络放电或空气间隙击穿放电，也是造成人身电弧触电伤害的一条途径，这种气体放电的电弧与电流绝缘工具泄漏电流相比，其危害程度要严重得多，因此人体与带电体（接地体）还必须保持规定的安全距离（空气间隙）。

三、气象条件要求

带电作业的安全与气象条件有较大的关系，气象条件不同对带电作业安全的影响程度也不同。带电作业时需要考虑的气象条件主要有风、雨、雪、雾、雷电、湿度和温度等。雨、雪、雾（浓雾）对绝缘工具的绝缘性能影响较大，影响严重时将引起闪络，《国家电网公司电力安全工作规程　第 8 部分：配电部分》规定，带电作业应在良好天气下进行，作业前应进行风速和湿度测量。风力大于 5 级，或湿度大于 80% 时，不宜带电作业。若遇雷电、雪、雹、雨、雾等不良天气，不应带电作业。带电作业过程中若遇天气突然变化，有可能危及人身及设备安全时，应立即停止工作，撤离人员，恢复设备正常状况，或采取临时安全措施。

Q/GDW 12218—2022《低压交流配网不停电作业技术导则》规定，相对湿度大于 80% 的天气，若需进行不停电作业，应采用具有防潮性能的绝缘工具。在特殊或紧急条件下，必须在恶劣气候下进行带电抢修时，应针对现场气候和工作条件，充分讨论，制定可靠的安全措施，经主管领导批准后方可进行。夜间抢修作业应有足够的照明设施。作业过程中若遇天气突然变化，有可能危及人身或设备安全时，应立即停止工作；在保证人身安全的情况下，尽快恢复设备正常状况，或采取其他措施。

（1）空气湿度。空气湿度会影响绝缘工器具的沿面闪络电压、性能和空气间隙的击穿场强。如绝缘绳在干燥、清洁条件下，蚕丝、锦纶（丙纶）绳电气性能基本相同，但在淋雨后，击穿电压会大大下降。受潮后的绝缘绳泄漏电流比干燥时的泄漏电流增大 10～14 倍，对于同一蚕丝绳和锦纶绳而言，湿闪电压分别下降到原击穿电压的 26% 和 33.5%。受潮的绝缘绳因泄漏电流增大，会导致绝缘绳发热，甚至产生明火，极易使人造纤维合成的锦纶绳熔断。

（2）雷电。在有雷电的气象条件下，无论是感应雷还是直击雷都可能产生大气过电压，这不仅影响电网的安全稳定运行，而且还可能使电气设备绝缘和带电作业工具遭到破坏，给人身安全带来极大危害。因此，在可闻雷声和可见闪电的情况下必须停止带电作业。

（3）风力。5 级风属于清劲风（风速为 8～10.7m/s），其现象为小树摇动，内陆水面有小波；风力达到 6 级（风速为 10.8～13.8m/s），属于强风，现象为大树枝摇动，电线呼呼有声且晃动加大。此时，处在高空的作业人员、施工工具、电气设备等受风力影响较大，带电作业时的安全距离难以得到保证，同时，线路出现故障的机会也增多。故规定当风力大于 5 级时一般不准进行带电作业。

（4）温度。在高温天气下，绝缘工具和绝缘屏蔽用具、个人绝缘防护用具的闪络强度会下降，如绝缘工具的闪络强度比同等长度的空气间隙降低 20%～30%，当绝缘工具上有干态带状物污染的情况下，温度升高，其操作波强度可能降低 50%。另外，高温作业易使作业人员疲劳、出汗，影响绝缘工器具性能，具体温度在《国家电网公司电力安全工作规程》中未作统一规定，各地可根据当地实际情况进行规定。

四、主要作业方法

1. 绝缘杆作业法

（1）基本原理。绝缘杆作业法（也称间接作业法）是指作业人员与带电部分保持一定距离，用绝缘工具进行作业。当作业人员采用登杆工具（脚扣）进行绝缘杆作业法作业时，杆上作业人员与带电体的关系是带电体→绝缘杆→作业人员→大地（杆塔）。通过人体的电流有两个回路：由带电体→绝缘杆→人体→大地（杆塔）构成泄漏电流回路，绝缘杆为主绝缘；二是由带电体→空气间隙→人体→大地（杆塔）构成电容电流回路，空气间隙为主绝缘。带电作业人员使用绝缘杆作业法现场图如图 2-1 所示，采用绝缘杆作业法的等值电路如图 2-2 所示。

图 2-1　带电作业人员使用绝缘杆作业法现场图

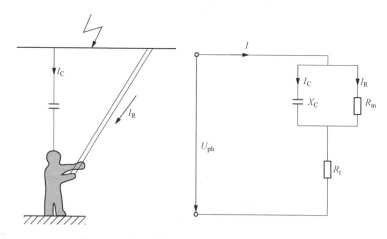

图 2-2　采用登杆的绝缘杆作业法的等值电路

R_r—人体电阻；R_m—绝缘电阻（绝缘杆以及绝缘手套的电阻）；X_C—人与导线之间的容抗

由于人体电阻 R_r 较 R_m 和 X_C 小得多，在计算时 R_r 可忽略不计。故在计算流经人体的电流时，仅考虑绝缘杆、绝缘手套的泄漏电流和导线对人体的电容电流的向量和，即 $\vec{I} = \vec{I}_R + \vec{I}_C$。

以环氧树脂类绝缘材料为例，以 3640 型绝缘管材料做成的绝缘工具，其电阻为 10^{10}～$10^{12}\,\Omega$ 以上。那么在 10kV 相电压（ $U_{ph} = \dfrac{U}{\sqrt{3}} = 5.77 \times 10^3\,\text{V}$ ）下，流过绝缘杆的电流为

$$I_R = U_{ph} / R_m = \frac{5.77 \times 10^3}{10^{10}} \approx 0.5(\mu\text{A}) \tag{2-1}$$

在各电压等级的线路或设备上，当人体与带电体保持安全距离时，人与带电体之间的电容 C 约为 2.2×10^{-10}～4.4×10^{-10}F，其容抗为

$$X_C = \frac{1}{2\pi f C} = \frac{1}{2 \times 3.14 \times 2.2 \times 10^{-12}} \sim \frac{1}{2 \times 3.14 \times 4.4 \times 10^{-12}} \tag{2-2}$$
$$\approx 0.72 \times 10^9 \sim 1.44 \times 10^9 (\Omega)$$

在相电压下流过人体的电容电流为

$$I_C = U_{ph} / X_C = \frac{5.77 \times 10^3}{1.44 \times 10^9} \approx 4(\mu\text{A}) \tag{2-3}$$

由此可见，泄漏电流 I_R 和电容电流 I_C 都是微安级，故其矢量和也是微安级，远远小于人体的感知电流 1mA。因此，在进行绝缘杆作业时，只要作业人员遵守安全距离的相关规定，足以保证作业人员的安全。

针对绝缘杆作业法，需要强调以下内容：

1）当采用登杆工具（脚扣）进行绝缘杆作业法作业时，在相与地之间，绝缘工具（杆）起主绝缘作用，相与相之间，空气间隙起主绝缘作用，而绝缘遮蔽（隔离）用具和个人防护用具起辅助绝缘作用，分别组成相地、相间的纵向和横向绝缘防护，避免因人体动作幅度过大造成空气间隙不足对人体的触电伤害。

2）绝缘杆作业法既可在登杆中采用，也可在绝缘斗臂车、绝缘平台和绝缘脚手架上采用。采用绝缘斗臂车作业时，绝缘杆和绝缘臂形成组合绝缘起到主绝缘保护作用；采用绝缘平台（包括绝缘快装脚手架）作业时，绝缘平台与绝缘杆形成组合绝缘起主绝缘保护作用。

3）采用绝缘杆作业法作业时，当安全距离不能得到有效保证时，作业人员应对作业范围内不能满足安全距离的带电体和接地体设置绝缘遮蔽（隔离）措施，并正确穿戴个人绝缘防护用具，作为保证作业人员安全的最后一道防线。

（2）安全注意事项。使用绝缘杆作业法时，应注意以下事项：

1）保证绝缘杆作业法安全的基本条件：一是绝缘工具的可靠绝缘性能和有效绝缘强度；二是满足足够的安全距离（空气间隙），空气间隙（安全距离）起着天然屏障的作用，失去其保护将非常危险。

2）保持规定的安全距离（按照 10kV 配电线路标准）。人身与带电体的最小安全距离

为 0.4m；绝缘操作杆的最短有效绝缘长度为 0.7m，其他如绝缘承力工具和绝缘吊绳的最短有效绝缘长度为 0.4m。

2. 绝缘手套作业法

（1）基本原理。绝缘手套作业法（也称直接作业法）是指作业人员通过绝缘手套并与周围不同电位适当隔离保护的直接接触带电体所进行的作业。作业人员戴着绝缘手套直接接触带电体进行作业操作，要比绝缘杆作业法（间接作业法）来得便捷和高效。但采用绝缘手套作业法作业时，由于作业空间狭小，并且是带电区域内工作，作业人员不仅要正确穿戴个人绝缘防护用具，而且还要对作业区域的带电导线、绝缘子和接地构件（如横担）等采取相对地、相与相之间的绝缘遮蔽（隔离）措施，只有这样才能确保作业人员的安全。

采用绝缘斗臂车（或绝缘平台）作业时的等值电路如图 2-3 所示，其中，C_1、C_2 为人体对导线和大地的电容，R_m 为绝缘手套的绝缘电阻，R_r 为人体电阻，R_t 为绝缘斗臂车或绝

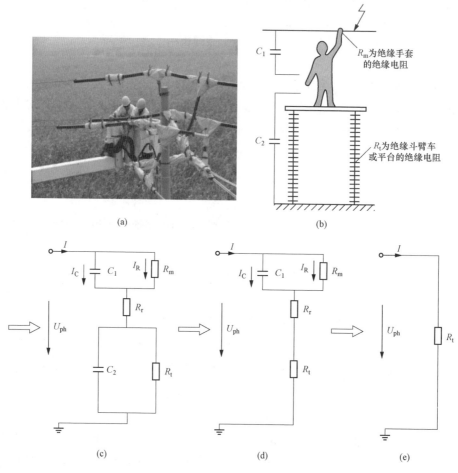

图 2-3　采用绝缘斗臂车（或绝缘平台）作业时的等值电路图

（a）现场作业；（b）示意图；（c）等值电路；（d）忽略 C_2 的等值电路图；（e）忽略 C_1、R_r 的等值电路图

缘平台的绝缘电阻。实际中，C_2 几乎为零，可忽略不计，X_{C1} 及 R_r 远小于 R_t，也可忽略不计。因此，通过人体电流的大小主要取决于绝缘斗臂车（绝缘平台）的绝缘电阻 R_t。保证绝缘斗臂车（绝缘平台）具有可靠的绝缘性能，是进行绝缘手套作业法作业的先决条件，对作业人员的安全担负着非常重要的绝缘保护作用。

采用绝缘手套作业法作业时，在相对地之间，虽然绝缘斗臂车（绝缘平台）可以起到主绝缘保护的作用，但仍可能会在相对地之间形成接地回路［带电体（导线）→人体→接地体（如横担等）］，在相与相之间形成相间短路回路［带电体（导线）→人体→邻相带电体（导线）］，在这些触电回路中，人与带电体或接地体间的空气间隙（安全距离）起到主绝缘保护作用。因此，为了防止人体串入电路形成接地或相间短路以及防止空气间隙击穿对人体造成触电伤害，作业人员应与带电体和接地体保持安全距离，若安全距离不能得到有效保证时，应按照"从近到远、从下到上"的原则，依次对作业中可能触及的带电体、接地体设置绝缘遮蔽（隔离）措施，并正确穿戴个人绝缘防护用具。

（2）安全注意事项。使用绝缘手套作业法时，应注意以下事项：

1）作业人员对地（如电杆、横担等）及邻相导线要有足够的安全距离（对地大于0.4m，对邻相带电体大于 0.6m）。若安全距离无法得到有效保证，必须对作业中可能触及的带电体、接地体进行绝缘遮蔽。

2）必须按规定穿着绝缘防护用具（绝缘披肩、绝缘手套、绝缘鞋等）。

3）作业人员与其他电位的人员（包括地面作业人员）严禁直接传递金属工具和材料，即使是绝缘工具也必须有一定的安全距离和有效绝缘长度。

4）作业人员应根据作业情况选择合适的工作位置，使带电体处于作业人员的视线范围内，尽量避免与带电体处于水平面，特别注意动作轻缓和稳重，避免大幅度动作及使用非绝缘工具。

5）绝缘斗臂车作业前应可靠接地，其接地线应为截面积不小于 $16mm^2$ 的带绝缘套的软铜线，接地极打入深度不小于 0.6m。绝缘斗臂车作业前应在预定位置进行空斗试操作，试操作必须在下部控制台进行，作业中的操作应由斗内作业人员控制。作业中的绝缘臂的金属部分与带电体间的安全距离不得小于 0.9m，若绝缘臂为"直臂伸缩式"结构，上节绝缘臂的伸出长度不得小于 1m。

3. 综合不停电作业法

（1）基本原理。综合不停电作业法是指综合利用绝缘杆作业法、绝缘手套作业法，以及旁路电缆或旁路作业车、移动箱变和移动电源车等旁路设备实施不停电作业的方式。

综合不停电作业法中最典型的作业项目是旁路作业，即通过构建的旁路电缆供电系统，在保持对用户不间断供电的情况下，完成待检修设备停电检修工作，包括计划检修、故障抢修和设备更换等工作，最大限度地缩小停电范围、降低停电对用户的影响。

通过旁路柔性电缆、快速连接电缆接头和旁路负荷开关等，在现场构建一条临时旁路电缆供电系统，跨接故障或待检修线路段，通过旁路负荷开关将用电负荷转移到临时旁路供电线路向用户不间断供电，以及通过T形接头同时向用户支线供电。旁路电缆供电系统工作原理示意图如图2-4所示。

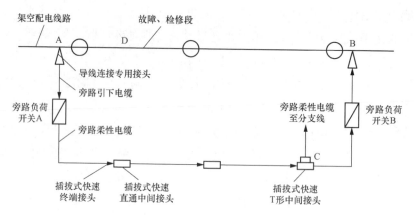

图2-4　旁路电缆供电系统工作原理示意图

（2）旁路作业系统组成。一套最基本的旁路电缆供电系统是由旁路负荷开关、旁路柔性电缆、旁路连接器和旁路引下电缆等部件组成的，下面分别介绍各部件。

1）旁路负荷开关（图2-5）。是用于户外、可移动并快速安装在电杆上的小型断路器，具有分闸、合闸两种状态，用于旁路作业的电流切换。

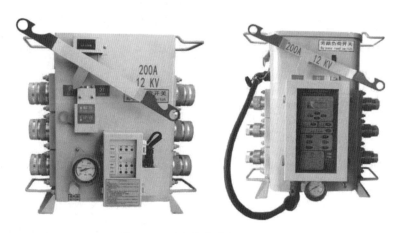

图2-5　固定式旁路负荷开关

2）旁路连接电缆（见图2-6）。电缆两端都安装有直接插拔式的终端插头，便于和连接器、旁路负荷开关进行连接，用于旁路电缆线路延长。

3）旁路引下电缆（见图2-7）。用于连接架空线和旁路负荷开关的电缆，电缆一端安

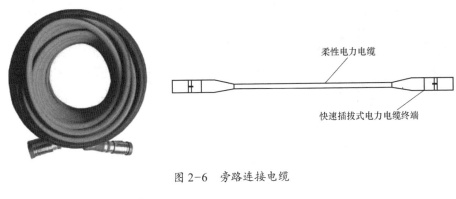

图 2-6　旁路连接电缆

图 2-7　旁路引下电缆

装有固定连接在架空线路上的专用接头，另一端安装有与连接器和旁路负荷开关进行连接的直接插拔头。其固定连接架空线的接头，可根据需要调换各种不同类型的接头。

4）环网柜旁路转接电缆（见图 2-8）。用于旁路作业系统与环网柜回路电气连接，一端与快速插拔式接口对接，一端与环网柜或分支箱间隔电气连接，完成负荷转移作业。

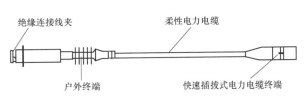

图 2-8　环网柜旁路转接电缆

5）母排分支箱旁路转接电缆（见图 2-9）。用于旁路作业系统与电缆母排分支箱电气连接，一端与快速插拔式接口对接，一端与电缆母排分支箱电气连接，完成负荷转移作业。

6）旁路连接器（见图 2-10）。是在旁路作业中用于连接和接续旁路柔性电缆的设备。包括插拔式快速终端接头、直通中间接头和 T 形中间接头。直通中间接头和 T 形中间接头配合可以调节旁路柔性电缆长度或连接支路数量。

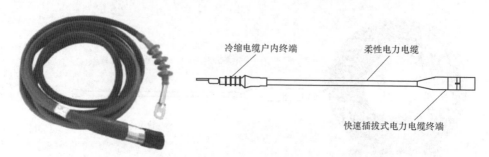

图 2-9 母排分支箱旁路转接电缆

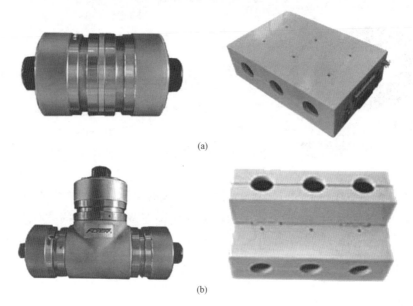

(a)

(b)

图 2-10 旁路连接器及保护盒

（a）直通中间接头；（b）T 形中间接头

7）旁路作业配套工具（见图 2-11）。旁路引下电缆固定横担用于固定在杆塔或者角钢上，承载引下电缆重量，减少旁路电缆下引线下端与旁路负荷开关接口连接处的作用力。旁路电缆防坠绳用于承载电缆重力，减少旁路电缆下引线上端与导线挂接处电缆接头重力。电缆插拔接口部位若是长期承受电缆重力产生的拉力，有可能造成接口的形变以及密封绝缘性能下降。

（3）安全注意事项。进行旁路作业时应注意以下事项：

1）旁路回路敷设的高度要适宜。

2）牵引旁路电缆时应注意对电缆的保护。

3）由于工作点较多，为确保作业顺利安全地进行，除总工作负责人外，还应在各工作点设专职监护人。

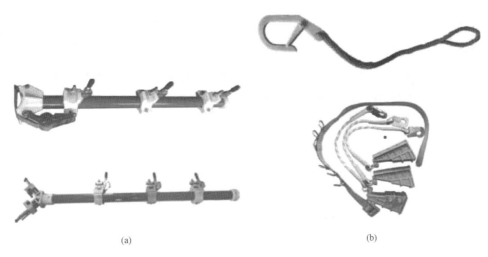

(a)
(b)

图 2-11 旁路作业配套工具
（a）旁路引下电缆固定横担；（b）旁路电缆防坠绳

4）旁路回路的试验一定要在所有旁路回路联通，但在还未并联到架空线路的情况下进行，以达到对所有设备进行检验的目的。

5）旁路回路试验后以及工作区段负荷恢复撤离旁路回路前，一定要对旁路电缆进行放电，以免发生触电事故。

6）在带电作业工作人员与试验班、停电检修班进行交接时，必须严格按照工作组织和技术组织要求进行。

7）在负荷转移和负荷恢复时一定确保相位正确。

第二节　不停电作业安全措施

一、保证安全的组织措施

保证配电线路带电作业安全的组织措施有现场勘察制度、工作票制度、工作许可制度、工作监护制度、工作间断和转移制度、工作终结制度 6 项内容。

1. 现场勘察制度

现场勘察的目的是确定此项带电作业的必要性和可行性，并确定作业方法、作业所需工具和作业时应采取的安全和技术措施，以及制定作业方案的基本依据。即使作业项目内容相同，但由于线路走向、装置结构环境等因素的不同都会影响到不停电作业过程中的安全，带电作业班组在接受工作任务后，工作票签发人、工作负责人和班组成员必须进行现场勘察并填写《配电带电作业现场勘察单》，主要内容包括：

（1）查阅资料。了解作业设备的导、地线规格、型号，设计所取的安全系数及载荷；杆塔结构、档距和相位；柱上断路器型号、保护配置、系统接线及运行方式等。必要时还应验算导线应力、导线电流（空载电流、环流）和电位差，计算作业时的弧垂并校核对地或被跨物的安全距离。

（2）查勘现场。应勘察配电线路是否符合带电作业条件、同杆（塔）架设线路及其方位和电气间距、作业现场条件和环境及其他影响作业的危险点，并根据勘察结果确定带电作业方法、所需工具以及应采取的措施。

2. 工作票制度

配电线路带电作业必须按照《国家电网公司电力安全工作规程　第8部分：配电部分》中的有关规定填写配电带电作业工作票。对同一电压等级、相同类型、相同安全措施且依次进行的多条配电线路上的带电作业，可使用一张配电带电作业工作票。

配电带电作业工作票由工作负责人填写，经工作票签发人审核后签发。工作负责人同一时间手中不得同时执行多张有效工作票。带电作业工作票的有效时间以批准检修期为限，办理工作票延期手续，应在工作票的有效期内，由工作负责人向工作许可人提出申请，得到同意后给予办理。配电带电作业工作票只能延期一次，延期手续应记录在工作票上。

按照《国家电网公司电力安全工作规程　第8部分：配电部分》中的规定，带电作业的工作票签发人和作业人员参加相应作业前，应经专门培训、考试合格、单位批准。带电作业的工作票签发人和工作负责人、专责监护人应具有带电作业实践经验。此外，还应满足以下要求：①工作票签发人应由熟悉人员技术水平、熟悉配电网络接线方式、熟悉设备情况、熟悉本文件，具有相关工作经验，并经本单位批准的人员担任，名单应公布。②工作负责人应由有本专业工作经验、熟悉工作班成员的安全意识和工作能力、熟悉工作范围内的设备情况、熟悉本文件，并经工区（车间，下同）批准的人员担任，名单应公布。③工作许可人应由熟悉配电网络接线方式、熟悉工作范围内的设备情况、熟悉本文件，并经工区批准的人员担任，名单应公布。工作许可人包括值班调控人员、运维人员、相关变（配）电站［含用户变（配）电站］和发电厂运维人员、配合停电线路工作许可人及现场工作许可人等。④专责监护人应由具有相关专业工作经验，熟悉工作范围内的设备情况和本文件的人员担任。

3. 工作许可制度

工作负责人在带电作业开始前，应与值班调控人员或运维人员联系，汇报工作地点、设备名称、工作内容和安全措施等情况。需要停用重合闸的作业和带电断、接引线工作应由值班调控人员或运维人员履行许可手续。即使是不退出重合闸的作业项目，也应让调度人员了解带电设备上有人员进行作业，以便调度人员在处理异常情况时，以有利作业人员安全为出发点，制订更为有效的处理方案。

4. 工作监护制度

配电线路带电作业必须有专人（工作负责人或专职监护人）监护，工作负责人（监护人）必须始终在工作现场行使监护职责，对作业人员的各作业步骤进行监护，及时纠正不安全的动作。监护人不得擅离岗位或兼任其他工作。监护的范围不准超过一个工作点。对于复杂或高杆塔作业，在必要时，如地面监护有困难时，应在地面和杆塔上同时设监护人，大型的不停电作业涉及多个工作点的，每个工作点应设专职监护人。作业过程中，在杆上作业人员换相或转移电位作业必须征得监护人的同意，上下呼应及时。

5. 工作间断和转移制度

（1）工作间断制度。在带电作业过程中，需要短时间停止作业时，应将杆塔或设备的工具可靠固定，保持与带电设备应有的安全距离，若间断时间过长，则应将工具从杆塔或设备上全部拆下；恢复间断工作前，必须重新检查现场安全措施、现场设备和工具，确定安全可靠后，方能重新开始工作。

（2）工作转移制度。对于在同一电压等级的数条线路上进行同类型的简单作业，或在一条线路上进行带电综合检修等类似情况，需要转移带电作业现场时，只有在原工作点工作结束，人员和工具全部从杆塔上撤离，现场清理完毕后，方可转移到新的作业点进行作业；一条线路上的工作可一次性办理工作许可手续和工作终结手续，数条线路上的工作应逐点进行工作许可和工作终结。

6. 工作终结制度

带电作业的工作终结制度可称为工作终结和恢复重合闸制度。每项作业结束后，应仔细清理工作现场，工作负责人应严格检查设备上有无工具和材料遗留，电气设备是否恢复工作状态。全部作业结束后，应向调度部门汇报。停用重合闸的恢复重合闸。

二、保证安全的技术措施

保证配电线路带电作业安全的技术措施有停用重合闸、工具现场检测、个人安全防护、保持安全距离、设置绝缘遮蔽、悬挂标识牌和装设围栏 6 项措施。

1. 停用重合闸

10kV 配电线路的线路出口、主线分段、支线分支及用户分界位置一般安装有断路器、负荷开关等柱上开关设备，用于对线路进行控制和保护。传统上，线路的变电站出口断路器均设置自动重合闸功能，在线路发生相间短路故障时，由出口断路器跳闸，并在规定的时间内（一般为 0.3s）自动合闸，若短路故障为永久性故障，重合闸不成功则再次跳闸；若短路故障为瞬时性故障，则重合成功。由于线路上的短路故障绝大多数为瞬时性故障，重合闸成功的概率很高，从而提高线路运行的可靠性。

当前，随着配电网自动化与继电保护工作的推进，一二次融合断路器正逐步取代传统的断路器及负荷开关，不仅能够正确隔离相间短路故障，由于具备基于暂态原理的小电流接地保护功能，也能够正确隔离单相接地故障。线路的分段、分支、分界开关也逐步投入自动重合闸功能，线路发生短路、接地故障后都存在跳闸和再次重合的可能。线路重合闸功能的应用，增加了带电作业风险和安全管控难度。

带电作业时停用重合闸的原因是：①若短路故障发生在作业点处，可避免对作业人员的二次伤害，防止事故扩大；②可防止因重合闸引起的过电压对作业安全造成影响。工作负责人在带电作业开始前，应与值班调控人员或运维人员联系。需要停用重合闸的作业和带电断、接引线工作应由值班调控人员或运维人员履行许可手续。带电作业结束后，工作负责人应及时向值班调控人员或运维人员汇报。带电作业有下列情况之一者，应停用重合闸，并不应强送电：①中性点有效接地的系统中有可能引起单相接地的作业；②中性点非有效接地的系统中有可能引起相间短路的作业；③工作票签发人或工作负责人认为需要停用重合闸的作业。不应约时停用或恢复重合闸。

2. 工具现场检测

在配电线路带电作业过程中，带电作业用绝缘工器具的电气绝缘性能直接关系到作业人员的安全。特别是当绝缘工器具表面受脏污、受潮或附着金属粉末等因素的影响时，会导致绝缘工器具的表面泄漏电流大大增加，降低闪络电压，影响作业人员作业时的安全。同时由于使用、维护、储存、运输等方面的因素，其操作性能和绝缘性能可能受到破坏，给带电作业带来安全隐患。因此，带电作业用绝缘工器具使用前，必须按类别分区摆放在防潮垫（毯）上，作业人员使用干燥毛巾逐件对绝缘工器具进行擦拭并进行外观检查，如工器具是否有在其试验周期内的试验"合格"标签，工器具有无损伤、变形等；在使用 2500V 及以上绝缘电阻表或绝缘电阻检测仪分段检测绝缘电阻时，测量电极应符合规程要求（极宽 2cm，极间距 2cm），绝缘电阻值不得低于 700MΩ。现场作业人员在检查、测试和操作绝缘工器具时应佩戴清洁、干燥的手套，手持测量电极人员应戴绝缘手套，并且先将标准电极压住被试品稳定后再读数。

（1）绝缘电阻表（或绝缘检测仪）的检查。绝缘电阻表（或绝缘检测仪）使用前应进行如下检查：先缓慢摇动绝缘电阻表手柄，快速短接标准电极，表头指针指示为 0；在空载及额定转速（120r/min）状态下，指示应为无穷大（∞）。如是电子式绝缘电阻检测仪，应先将转换开关切换到输出电压较低的挡位（如 500V），然后快速短接标准电极，表头读数应快速变小。在输出电压最大的挡位下，电极空载时读数应非常大（∞）。另外，检测时若绝缘电阻表放置不平稳也会导致检测结果不准确。

（2）测量电极引线的制作。电极引线不应使用双绞线制作。引线间的绝缘电阻对测量结果有一定的影响。当引线老化或粘连时，在绝缘电阻检测仪进行自检时，绝缘电阻达不到无穷大（∞），甚至远低于 700MΩ。另外，自制的标准电极绝缘手柄，如平时保管不当导致受潮，也会影响测量结果的准确性。

（3）现场检测的实效性。对于绝缘服和绝缘毯的现场检测而言，绝缘服应侧重外表面绝缘电阻的测量，特别是边沿部分、有损伤部位、衣缝等处。内表面不考虑其表面绝缘性能，但要求工作后及时清洁内表面以避免加速绝缘材质的老化。日制（YS）和国产树脂绝缘毯虽与绝缘服的材质相同，但由于使用时其任何一面都可能与带电体接触，故对于绝缘毯而言，要保证其任何一面的绝缘性能。因此现场检测时，绝缘毯的正反两面均应进行外观检查和绝缘电阻检测。

3. 个人安全防护

在带电作业过程中，作业人员的个人安全防护主要由绝缘防护用具完成。个人绝缘防护用具虽然是辅助绝缘保护，但在配电线路带电作业中起着至关重要的作用，主要作用如下：①可以阻断稳态触电电流；②可以防止静电感应暂态电击。同时，个人绝缘防护用具也是保证配电线路带电作业安全的最后保障。因此带电作业人员必须按规定着装，正确使用绝缘防护用具。杆上间接人员（如采用登杆塔进行的绝缘杆作业）必须佩戴安全帽、使用绝缘手套，并根据作业装置的复杂情况和作业过程的实际需要正确穿戴必需的绝缘防护用具。直接接触带电体的作业人员（如采用绝缘斗臂车或绝缘平台进行的绝缘手套作业）必须穿着绝缘服或绝缘披肩、绝缘手套、绝缘鞋等绝缘防护用具进行作业，还必须使用绝缘安全带，并遵守高处作业有关安全规定。

4. 保持安全距离

在带电作业过程中，为保障作业人员的生命财产安全，作业人员需与不同电位的物体之间保持最小的空气间隙距离，这种距离统称为安全距离。由于低压系统的安全距离没有明确规定，故采用10kV配电线路带电作业的相关要求。

（1）有关10kV配电线路带电作业的最小安全距离规定如下：

1）最小安全距离。指为了保证作业人员的人身安全，地电位作业人员与带电体之间应保持的距离应不小于0.4m（此距离不包括人体活动范围），即采用绝缘杆作业法（间接作业）时，应保持人身与带电体之间的最小距离为0.4m。

2）最小对地安全距离。指为了保证作业人员的人身安全，带电体上的作业人员与周围接地体之间保持的最小距离为0.4m，即采用绝缘手套作业法（直接作业）时，作业人员应保持对地大于0.4m的安全距离。

3）最小相间安全距离。指为了保证作业人员的人身安全，带电体上的作业人员与邻近带电体之间应保持不小于0.6m的安全距离，即采用绝缘手套作业法（直接作业）时，还应保持与作业邻相带电体之间的最小安全距离为0.6m。

4）最小安全作业距离。指为了保证作业人员的人身安全，考虑到工作中必要的活动，采用绝缘杆作业法（间接作业）时，作业人员在作业过程中与带电体之间应保持的最小距离为0.9m（在最小安全距离的基础上增加一个合理的人体活动范围的数值增量，这个增量一般是0.5m，两者相加，即为此距离）。

（2）10kV及以下的配电系统带电升起、下落、左右移动导线时，对与被跨物间的交叉、平行的最小距离不得小于1m。

（3）10kV及以下的配电系统，在使用斗臂车时，斗臂车的金属臂在仰起、回转运动中，与带电体间的安全距离不得小于0.9m。

（4）绝缘工具的有效绝缘长度是指绝缘工具的全长减掉握手部分及金属部分的长度。绝缘操作杆必须考虑由于使用频繁和操作时，人手有可能超越握手部分，使有效长度缩短。而承力工具在使用中，其绝缘长度缩短的可能性是极小的，故在相同电压等级下，前者的有效长度一般而言应较后者长 0.3m。10kV 电压等级的绝缘工具的最小有效绝缘长度不得小于 0.7m；绝缘承力工具和绝缘吊绳的最小有效绝缘长度不得小于 0.4m。

5. 设置绝缘遮蔽

在带电作业安全距离不能保证时，作业前均需对人体可能触及范围内的带电体和接地体进行绝缘遮蔽。也就是要从线路外围深入到内部，依次对带电体或接地体设置绝缘遮蔽用具，具体措施如下：

（1）对带电体设置绝缘遮蔽用具时，按照"从近到远"的原则，从距离身体最近的带电体依次设置，若对上下多回分布的带电导线设置遮蔽用具时，应按照"从下到上"的原则，从下层导线开始依次向上层设置。对绝缘子、导线、横担的设置次序，按照"从带电体到接地体"的原则，先放导线遮蔽罩，再放绝缘子遮蔽罩，然后横担遮蔽罩，遮蔽用具之间的接合处应有大于 15cm 的重合部分。拆除绝缘遮蔽的顺序与设置绝缘遮蔽的顺序相反。

（2）若遮蔽罩有脱落的可能时，应采用绝缘夹或绝缘绳绑扎，以防脱落。作业位置周围如有接地拉线或低压线等设施，也应使用绝缘挡板、绝缘毯、遮蔽罩等对周边物体进行绝缘隔离。

6. 悬挂标识牌和装设围栏

在城区、人口密集区地段或交通道口和通行道路上作业时，作业场所周围应装设遮栏（围栏），并在相应部位装设标示牌。必要时，派专人看管，禁止非工作人员入内。围栏和出入口的设置应合理和规范，其范围不小于高空落物、绝缘斗臂车作业范围；警示标志应齐全和明显，应设置在道路和出入口处，如"在此工作、由此进入、前方施工，车辆慢行"等。

三、带电作业现场标准化作业

1. 作业前的准备阶段

作业前的准备阶段主要包括设备运维管理单位提报带电作业任务需求；接受带电作业需求并组织相关人员现场勘察，编制带电作业工作计划，编制"三措施"（组织措施、技术措施和安全措施）及现场标准化作业指导书（卡）并履行相关审批手续；填写、签发工作票以及办理停用重合闸计划；召开班（前）会学习作业指导书，明确作业方法、危险点分析和安全控制措施、人员组织与任务分工，并进行工器具、材料准备和检查等。

2. 现场作业阶段

现场作业阶段为现场作业中的实施和控制阶段，主要包括作业前进行现场复勘，履行工作许可手续和停用重合闸工作许可；召开现场（站）班会宣读工作票，结合现场重点进行"三交代"（交代作业任务、交代安全技术措施、交代安全控制措施）、"三检查"（检查工作着装、检查精神状态、检查个人安全用具）等安全交底会，做到"四个清楚"（清楚工作任务、清楚安全责任、清楚现场危险点和控制措施、清楚现场安全技术措施），并对班组人员提问无误后在工作票上签名；布置工作现场（包括设置安全围栏和安全警示标志等），检查工器具、绝缘斗臂车等；开始现场作业并履行工作监护制度，实施作业中的危险点、程序、质量和行为规范控制等；作业结束清理现场；工作终结恢复重合闸；竣工验收等。

　　3. 作业后的总结阶段

　　作业后的总结阶段主要包括列队召开现场收工班（后）会，及时点评和总结工作，对此次作业进行现场评价，进行技术资料整理、归档；作业人员撤离现场，作业完成。

　　配网不停电作业标准化作业的流程见表2-2。

表2-2　10kV配网不停电作业标准化作业流程

序号	作业阶段	作业步骤	作业标准	注意事项
1	作业前准备阶段	接受不停电作业需求	带电作业班长收到不停电作业任务后，按工作类型填写班组工作记录、工作日志	（1）不准凭记忆记录带电作业任务单。 （2）填写班组作业记录应分类填写，录入工作日志应及时
2		指定工作负责人，交代不停电作业任务	工作负责人、专责监护人应有不停电作业资格及不停电作业实践经验。作业班长向工作负责人交代具体工作内容	（1）作业人员应具备配网不停电作业资质，禁止无证上岗。 （2）工作负责人应详细记录作业任务类型、时间、地点及注意事项
3		现场勘察及风险分析	对危险性、复杂性和困难程度较大的作业项目，应进行现场勘察。根据勘察结果做出能否带电作业判断，确定作业方法、所需材料、工具及应采取的安全措施	（1）现场勘察必须工作负责人亲自参加，不准代替。 （2）作业方式、方法正确，风险防范措施到位
4		填写带电作业工作票	工作负责人根据工作任务和现场勘察结果，填写带电作业工作票。需要停用重合闸时，应注明线路的双重名称	（1）禁止非工作负责人填写带电作业工作票。 （2）带电作业工作票应符合安全工作规程要求
5		编写作业指导书	作业指导书应详细写明引用规范、标准、所用器具、材料，标准作业步骤及本次工作的风险防范措施等	（1）作业指导书不准形式化，生搬硬套。 （2）作业指导书应规范作业人员的作业行为，使作业过程处于"可控、能控、在控"状态
6		签发带电作业工作票	工作票签发人应根据不停电作业任务和勘察记录审核带电作业工作票和标准作业指导书，确认必要性和安全性，并履行签字手续	（1）禁止工作票签发人不审查就履行签字手续或他人代签。 （2）恶劣天气或高危复杂的带电抢修报生产总工程师批准

续表

序号	作业阶段	作业步骤	作业标准	注意事项
7	作业前准备阶段	确认工器具、材料合格齐备	带电作业用绝缘器具及绝缘斗臂车应检验合格，履行库房管理制度，严格执行出入库规定。不停电作业工器具运输中应分类放置在工具袋、箱内，防止损坏、受潮。不停电作业人员应根据任务领取所需材料，检查、确认材料合格、齐备	（1）带电作业工器具应在试验合格期内，并有试验标签。 （2）绝缘斗臂车禁止无证人员操作驾驶。 （3）禁止携带不合格的电气设备和材料
8	现场作业阶段	现场复勘	开工前，工作负责人或工作票签发人应重新核对现场勘察情况，发现与原勘察情况有变化时，应修正、完善相应的安全措施；检测现场气象条件是否满足带电作业要求	（1）风力大于 5 级，或湿度大于 80% 时，不宜进行带电作业。 （2）雷电、雪、雹、雨、雾等恶劣天气，禁止进行带电作业
9		向调度值班员申请调度指令	工作负责人向调度值班员申请带电作业许可，得到工作许可人开工命令后，方可开始带电作业工作	（1）工作负责人应使用正规的技术用语，在未得到许可人许可命令前，禁止开工。 （2）禁止约时停用或恢复重合闸
10		开工会，宣读工作票	工作负责人向工作班成员进行危险点告知，交代安全措施和技术措施，督促、监护作业人员严格按照标准作业指导书进行	（1）带电作业应设专责监护人，监护人不准直接操作。 （2）禁止作业人员不履行签字确认手续
11		绝缘工器具现场检测	绝缘工器具及安全防护用品应放置在防潮帆布或绝缘垫上，使用前应进行电气性能和机械性能检测，确认没有损坏、受潮、失灵	禁止使用超过试验周期和未进行现场检测的绝缘工器具和安全防护用具
12		绝缘斗臂车使用前的空斗试验	绝缘斗臂车工作位置应选择适当，支撑稳固，接地可靠。使用前在预定位置空斗时操作一次，确认性能良好	（1）禁止在使用中违规操作和发动机熄火。 （2）绝缘臂最小有效长度符合《安规》要求。 （3）绝缘小吊禁止超负荷使用
13		申请进入作业位置	不停电作业人员戴绝缘安全帽，穿套绝缘服，穿绝缘靴、戴绝缘手套，系好安全带进入作业位置，工作开始前应得到工作负责人的许可。必要时戴防护眼镜	（1）作业过程中禁止摘下绝缘防护用具。 （2）使用的安全带、安全帽应有良好的绝缘性能。 （3）作业人员保持与带电体、接地体安全距离
14		不停电作业过程中的绝缘遮蔽与隔离	作业区域内的带电导线、绝缘子等应采取相间、相对地的绝缘遮蔽、隔离措施，结合处应有 15cm 重合，范围应大于人体活动的 0.4m 以上。按照先带电体后接地体的原则，顺序为先近后远，先下后上，依次逐相进行	（1）绝缘导线应视为带电体进行绝缘遮蔽。 （2）作业人员调整工位前应得到工作负责人或专责监护人的同意。 （3）带电作业过程中如遇设备突然停电，作业人员应视为仍然带电
15		带电检修作业	严格按照标准化作业指导书与风险辨识卡的要求，开展带电检修作业	（1）禁止带负荷断、接引线。 （2）禁止同时接触两相导线

续表

序号	作业阶段	作业步骤	作业标准	注意事项
16	现场作业阶段	不停电作业过程中的拆除绝缘遮蔽与隔离	拆除遮蔽、隔离用具应从带电体下方或侧方开始，按照先接地体后接带电体的原则，顺序为由远及近，从上到下，依次逐相进行	（1）禁止同时拆除带电体和接地体的绝缘隔离措施。 （2）作业人员调整工位前应得到工作负责或专责监护人的同意
17		收工会，现场带电任务完成	工作负责人应时刻掌握作业进展情况。作业人员在工作完成后，应检查杆塔、横担上无遗留物，设备运行良好，得到工作负责人许可后，退出作业位置	作业人员作业完成，检查无误后，应向工作负责人汇报工作结束
18		汇报调度工作结束	工作负责人再次确认检查无误后，向调度值班员汇报带电作业工作结束	汇报应简明扼要，汇报使用专业技术术语
19	作业后总结阶段	绝缘工器具、材料入库	作业人员将工器具整理后，分类放置在工具袋、箱内，防止损坏、受潮。工器具、绝缘斗臂车、材料放置库房内，严格执行入库手续	（1）禁止绝缘工器具与材料混放。 （2）禁止用高压水枪冲洗绝缘斗、臂等。 （3）绝缘服等应分类清理后，及时放置在专用工器具库房内
20		不停电作业全过程评价	工作负责人办理工作票结束，展开对带电作业全过程进行安全技术评价，主要评价工作票执行、作业指导书技术规范、现场安全措施等，对作业方法、步骤、环节是否合理或有改进之处	（1）工作票终结，按要求填写带电作业记录，现场照片留档。 （2）评价应客观，遵循专业导则及标准进行。 （3）评价工作应列入班组基础管理，做好记录

第三节　低压配电网不停电作业

一、作业项目及分类

结合低压配电网设备现场工作需求和作业对象设备进行分类，可将低压配电网带电作业分为架空线路、电缆线路、配电柜（房）和低压用户作业四类作业，低压配电网不停电作业项目类别及作业项目见表 2-3。

1. 架空线路作业

架空线路作业是指在低压架空线路不停电的情况下进行不停电作业，包括简单消缺、接户线和线路引线断接操作、低压线路设备安装更换等，解决低压架空线路检修造成用户停电问题。

2. 电缆线路作业

电缆线路作业指在低压电缆线路上开展低压电缆线路不停电作业，包括断接空载电缆引线、更换电缆分支箱等，解决低压电缆线路检修造成用户长时间停电问题。

3. 配电柜（房）作业

配电柜（房）作业是针对低压配电房内常见的柜内异物、熔丝烧断、设备损坏等问题，在低压配电柜（房）内开展不停电作业，包括配电柜消缺、配电房母排绝缘遮蔽维护、更换设备等，解决低压配电房检修造成用户大面积、长时间停电问题。

4. 低压用户作业

低压用户作业是针对低压用户临时取电和电能表更换需求，在低压用户终端开展不停电作业，包括发电车低压侧临时取电、直接式或带互感器电能表更换等，是解决用户停电时间长、增强用户保电技术的手段。

表 2-3　0.4kV 配电网不停电作业项目类别及作业项目

序号	项目类别	作业项目
1	架空线路不停电作业	0.4kV 配网带电简单消缺
2		0.4kV 带电安装低压接地环
3		0.4kV 带电断低压接户线引线
4		0.4kV 带电接低压接户线引线
5		0.4kV 带电断分支线路引线
6		0.4kV 带电接分支线路引线
7		0.4kV 带电断耐张引线
8		0.4kV 带电接耐张引线
9		0.4kV 带负荷处理线夹发热
10		0.4kV 带电更换直线杆绝缘子
11		0.4kV 旁路作业加装智能配电变压器终端
12	电缆线路不停电作业	0.4kV 带电断低压空载电缆引线
13		0.4kV 带电接低压空载电缆引线
14	配电柜（房）不停电作业	0.4kV 低压配电柜（房）带电更换低压开关
15		0.4kV 低压配电柜（房）带电加装智能配电变压器终端
16		0.4kV 带电更换配电柜电容器
17		0.4kV 低压配电柜（房）带电新增用户出线
18	低压用户不停电作业	0.4kV 临时电源供电
19		0.4kV 架空线路（配电柜）临时取电向配电柜供电

二、0.4kV 与 10kV 不停电作业比较

1. 装置类型不同

10kV 线路采用 A、B、C 三相三线制供电，0.4kV 采用 A、B、C、N 三相四线制供电

为主，多一根中性线。在0.4kV不停电作业前要分清相线、中性线，并做好相序的记录和标记。辨别相线、中性线时，一般根据一些标志和排列方向、照明设备接线等进行辨认。初步确定相线、中性线后，作业人员在工作前用验电器或低压试电笔进行测试，必要时可用电压表进行测量。

0.4kV线路布设较10kV线路更加紧密，相间距离较10kV线路更小，带电体之间、带电体与地之间绝缘距离小，作业人员在作业时要格外注意作业位置，减小动作幅度，避免相间或接地事故发生。此外，10kV线路检修以架空、电缆线路为主，0.4kV线路检修还需要对低压配电柜（房）内设备和用户终端进行作业，作业对象增加。为此，现场作业时必须有专人监护，监护人应始终在工作现场，随时纠正不正确的动作，发现作业人员有可能触及邻相带电体或接地体时，及时进行提醒，以防造成触电事故。

2. 作业环境不同

0.4kV线路电杆较10kV线路电杆低，或是与10kV线路同杆架设，布置在10kV线路下方。在城市电网中，0.4kV线路经常会受到各类通信线路、路灯、指示牌、树木等影响，作业环境相较于10kV不停电作业更加复杂。0.4kV配电柜（房）和用户表箱常处于较封闭的环境中，相间短路风险较大。

在0.4kV不停电作业中，采用绝缘斗臂车作为工作平台时，要格外注意绝缘斗臂车的停放位置。因为电杆低、作业空间狭小，在停放绝缘斗臂车时，一是要保证工作斗能避开各类障碍物，二是要保证绝缘臂能伸出有效绝缘长度。

在进行不停电作业前，工作票签发人或工作负责人应组织现场勘察并填写现场勘察记录。根据勘察结果判断是否进行作业，并确定作业方法、所需工具，以及应采取的措施。

3. 安全防护不同

对于10kV电压等级，不停电作业过程中主要防止电流伤害；0.4kV电压等级较低，不停电作业过程中主要防止电弧伤害，作业人员应根据作业项目和作业场所、作业装置的具体情况，采取防电弧伤害的措施。作业人员在低压架空线路上进行配网不停电作业时，应穿戴防电弧能力不小于28.46J/cm^2（6.8cal/cm^2）的防电弧服装，穿戴相应防护等级的防电弧手套，佩戴护目镜或防电弧面屏。在低压配电柜（房）进行配网不停电作业时，作业人员应穿戴防电弧能力不小于113.02J/cm^2（27.0cal/cm^2）的防电弧服装，穿戴相应防护等级的防电弧头罩（或面屏）和防电弧手套、鞋罩；在配电柜附近的工作负责人（监护人）及其他配合人员应穿戴防电弧能力不小于28.46J/cm^2（6.8cal/cm^2）的防电弧服装，穿戴相应防护等级的防电弧手套，佩戴护目镜或防电弧面屏。

10kV线路中，高压绝缘手套层间绝缘强度不足以抵御系统过电压，绝缘手套只能作为辅助绝缘，与绝缘鞋、绝缘披肩、绝缘安全帽、绝缘臂共同构成多重组合绝缘，而且必须有绝缘臂作为主绝缘。0.4kV线路中，低压绝缘安全防护用具的耐压水平已超过了系统可能出现的最大过电压，绝缘防护用具可视为主绝缘，但至少构成双重防护，例如绝缘手

套 + 绝缘鞋、绝缘杆 + 绝缘鞋、绝缘手套 + 绝缘垫,只能增加防护措施,不能减少。同时,个人电弧防护用品和个人绝缘防护用具在低压配网不停电作业中应配合使用,使用时应将绝缘防护用具穿戴在个人电弧防护用品外,以确保人员不会受到电气伤害或触发短路。

进行 0.4kV 绝缘手套作业时,由于作业人员身体往往是贴紧在操作斗内壁的,此时若操作斗是导体材料,则绝缘鞋就失去了绝缘防护功能,因此,必须要求 0.4kV 低压综合抢修车的操作斗为绝缘斗,才能对人体构成双重防护。

4. 故障类型繁杂

0.4kV 低压配网线路常见故障繁杂,架空线路常见故障包括外力破坏、自然灾害、树障、用户产权设施、配电设备等引起故障;电缆线路常见故障为电缆附件与电缆本体故障;低压配电装置常见故障为低压开关损坏,配电箱交流接触器烧坏、保护器性能不稳或者无动作、计量不准,低压配电柜内部发生短路、母线连接处过热、断路器及开关分合不成功等。

另外,低压不停电作业中也要注意作业顺序。三相四线制线路正常情况下接有动力、家电及照明等各类单相、三相负荷。当带电断开低压线时,如先断开了中性线,则因各相负荷不平衡使该电源系统中性点出现较大数值的位移电压,造成中性线带电,断开时将会产生电弧,亦相当于带电断负荷的情形。所以应严格执行规程规定,当带电断开线路时,应先断相线后断中性线,接通时则应先接中性线后接相线。切断相线时,必须戴护目镜,使用长手柄的断线钳,并有防止弧光相间短路的措施。

第三章

低压配电网不停电作业装备与工具

本章节主要介绍在低压配电网进行不停电作业时，为保护工作人员的生命财产安全及设备安全所采用的作业装备和工具。

第一节　不停电作业防护用具

不停电作业防护用具主要分为个人防护用具和绝缘遮蔽用具两大类，个人防护用具包括个人绝缘防护用具和个人电弧防护用品。

一、个人绝缘防护用具

1. 用具种类

个人绝缘防护用具可以防止触电等人身伤害，个人绝缘防护用具包括安全帽、绝缘衣、绝缘裤、绝缘袖套、绝缘手套、防刺穿手套、绝缘鞋（靴）、绝缘垫等，个人绝缘防护用具如图 3-1 所示。

（1）安全帽。采用高强度塑料或玻璃钢等材料制作。具有较轻的质量、较好的抗机械冲击特性、一定的电气性能，并有阻燃特性。

（2）绝缘衣、绝缘裤。带电作业的人身安全防护，防止意外碰触带电体。质地柔软、外层防护机械强度适中，穿着舒适。

（3）绝缘袖套。用合成橡胶或天然橡胶制成，在作业过程中，主要起到对作业人员手臂的触电安全防护。

（4）绝缘手套。用合成橡胶或天然橡胶制成，其形状为分指式。绝缘手套被认为是保证配电线路带电作业安全的最后一道保障，在作业过程中必须使用绝缘手套。

（5）防刺穿手套。防机械刺穿手套戴在绝缘手套外部，用来防止绝缘手套受到外力刺穿、划伤等机械损伤。其表面应能防止机械磨损、化学腐蚀，能抗机械刺穿并具有一定的抗氧化能力和阻燃特性。

（6）绝缘鞋（靴）。绝缘鞋（靴）可作为与地保持绝缘的辅助安全用具，是防护跨步电压的基本安全用具。常见的绝缘鞋面材料有布面、皮面、胶面。绝缘鞋（靴）的使用期限应以大底磨光为限，即当大底露出黄色面胶（绝缘层）。

（7）绝缘垫。由特种橡胶制成，具有良好的绝缘性能，用于加强工作人员对地的绝缘，避免或减轻接触电压与跨步电压对人体的伤害。

图 3-1　个人绝缘防护用具

（a）安全帽；（b）绝缘衣；（c）绝缘裤；（d）绝缘袖套；（e）绝缘手套；（f）防刺穿手套；（g）绝缘鞋；

（h）绝缘靴；（i）绝缘垫

2. 预防性试验要求

为保证个人防护用具的性能，必须定期对其进行预防性试验。0 级低压绝缘防护用具预防性试验要求见表 3-1。0 级低压绝缘防护用具适用标称电压交流有效值为 500V、预防性试验电压为 2.5kV。

表 3-1　0 级低压绝缘防护用具预防性试验要求

序号	名称	适用标称电压（交流有效值，V）	耐压试验要求（kV/min）	试验周期（月）
1	绝缘服	1000	5	12
2	绝缘裤	1000	5	12

续表

序号	名称	适用标称电压（交流有效值，V）	耐压试验要求（kV/min）	试验周期（月）
3	绝缘袖套	1000	5	12
4	绝缘手套	1000	5	12
5	绝缘鞋	1000	5	12
6	绝缘靴	1000	5	12
7	绝缘垫	1000	5	12

二、个人电弧防护用品

1. 用品种类

电弧防护用品在作业中遇到电弧或高温时，能对人员起到重要的防护作用。主要有防电弧服、防电弧手套、防电弧鞋罩、防电弧头罩、防电弧面屏、护目镜等，个人电弧防护用具如图 3-2 所示。

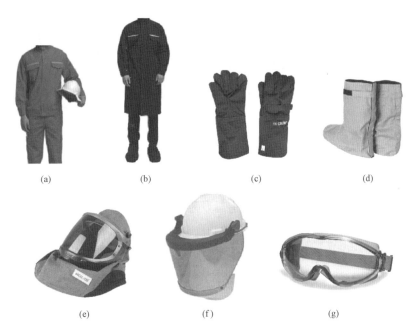

图 3-2　个人电弧防护用具

（a）分体式防电弧服；（b）连体式防电弧服；（c）防电弧手套；（d）防电弧鞋罩；
（e）防电弧头罩；（f）防电弧面屏；（g）护目镜

（1）防电弧服。防电弧服一旦接触到电弧火焰或炙热时，内部的高强度延伸防弹纤维会自动迅速膨胀，从而使面料变厚且密度变高，防止被点燃并有效隔绝电弧热伤害，形成对人体保护性的屏障。

（2）防电弧手套。防止意外接触电弧或高温引起的事故，能对手部起到保护作用。面料采用永久阻燃芳纶，不熔滴，不易燃，燃烧无浓烟，面料有碳化点。

（3）防电弧鞋罩。防止意外接触电弧或高温引起的事故，能对脚部起到保护作用。面料采用永久阻燃芳纶，不熔滴，不易燃，燃烧无浓烟，面料有碳化点。

（4）防电弧头罩、防电弧面屏。防止电弧飞溅、弧光和辐射光线对头部和颈部损伤的防护工具。

（5）护目镜。作业时能对眼睛起到一定防护作用。

2. 选择和配置

（1）架空线路不停电作业。采用绝缘杆作业法进行带电作业，电弧能量不大于 1.13cal/cm²，须穿戴防电弧能力不小 1.4cal/cm² 的分体式防电弧服装，戴护目镜；采用绝缘手套作业法进行带电作业，电弧能量不大于 5.63cal/cm²，须穿戴防电弧能力不小于 6.8cal/cm² 的分体式防电弧服装，戴相应防护等级的防电弧面屏。

（2）室外巡视、检测和架空线路测量。电弧能量不大于 3.45cal/cm²，须穿戴防电弧能力不小于 4.1cal/cm² 的分体式防电弧服装，戴护目镜。

（3）配电柜内带电作业和倒闸操作。电弧能量不大于 22.56cal/cm²，须穿戴防电弧能力不小于 27.0cal/cm² 的连体式防电弧服装，穿戴相应防护等级的防电弧头罩。

（4）室内巡视、检测和配电柜内测量。电弧能量不大于 14.81cal/cm²，须穿戴防电弧能力不小于 17.8cal/cm² 的连体式防电弧服装，戴防电弧面屏。

3. 使用、维护和报废

（1）电弧防护用品的使用要求。

1）个人电弧防护用品应根据使用场合合理选择和配置。

2）使用前，检查个人电弧防护用品应无损坏、无沾污。检查应包括防电弧服各层面料及里料、拉链、门襟、缝线、扣子等主料及附件。

3）使用时，应扣好防电弧服纽扣、袖口、袋口、拉链，袖口应贴紧手腕部分，没有防护效果的内层衣物不准露在外面。分体式防护服必须衣、裤成套穿着使用，且衣、裤必须有重叠面，重叠面不少于 15cm。

4）使用后，应及时对个人电弧防护用品进行清洁、晾干，避免沾染油及其他易燃液体，并检查外表是否良好。

（2）电弧防护用品的维护要求。

1）个人电弧防护用品应实行统一严格管理。

2）个人电弧防护用品应存放在清洁、干燥、无油污和通风的环境，避免阳光直射。

3）个人电弧防护用品不准与腐蚀性物品、油品或其他易燃物品共同存放，避免接触酸、碱等化学腐蚀品，以防止腐蚀损坏或被易燃液体渗透而失去阻燃及防电弧性能。

4）修补防电弧服时只能用与生产服装相同的材料（线、织物、面料），不能使用其他材料。出现线缝受损时，应用阻燃线及时修补。较大的破损修补建议由专业服装技术人员操作。

5）电弧防护服、防护头罩（不含面屏）、防护手套和鞋罩清洗时应使用中性洗涤剂，不得使用肥皂、肥皂粉、漂白粉（剂）洗涤去污，不得使用柔软剂。

6）面屏表面清洗时避免采用硬质刷子或粗糙物体摩擦。

7）防电弧服应与其他服装分开清洗，宜采用热烘干方式干燥，晾干时避免日光直射、暴晒。

（3）电弧防护用品的报废要求。

1）损坏并无法修补的个人电弧防护用品应报废。

2）个人电弧防护用品一旦暴露在电弧能量之后应报废。

三、绝缘遮蔽用具

在低压配电网不停电作业时，可能引起相间或相对地短路时，需对带电导线或地电位的杆塔构件进行绝缘遮蔽或绝缘隔离，形成一个连续扩展的保护区域。绝缘遮蔽用具可起到主绝缘保护的作用，作业人员可以碰触绝缘遮蔽用具。

绝缘遮蔽用具包括各类硬质和软质绝缘遮蔽罩。硬质绝缘遮蔽罩一般采用环氧树脂、塑料、橡胶及聚合物等绝缘材料制成。在同一遮蔽组合绝缘系统中，各个硬质绝缘遮蔽罩相互连接的端部具有通用性。软质绝缘遮蔽罩一般采用橡胶类、软质塑料类、PVC 等绝缘材料制成。根据遮蔽对象的不同，在结构上可以做成硬壳型、软型或变形型，也可以为定型或平展型。

1. 绝缘遮蔽用具种类

（1）导线遮蔽罩（见图 3-3）。用于对裸导体进行绝缘遮蔽的套管式护罩，带接头或不带接头。有直管式、下边缘延裙式、自锁式等类型。

（2）跳线遮蔽罩（见图 3-4）。用于对开关设备的上下引线、耐张装置的跳线等进行绝缘遮蔽的护罩。

图 3-3　导线遮蔽罩

图 3-4　跳线遮蔽罩

（3）端头保护封帽（见图 3-5）。用于对各类不同截面导线的端部进行绝缘遮蔽。

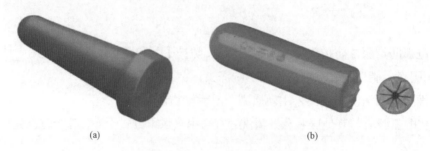

(a)　　　　　　　　　　　　　　(b)

图 3-5　端头保护封帽

（a）电缆端头保护封帽；（b）自握式保护封帽

（4）绝缘子遮蔽罩（见图 3-6）。用于对低压架空线路的直线杆绝缘子进行绝缘遮蔽。

（5）熔断器遮蔽罩（见图 3-7）。用于对低压配电柜内的熔断器进行绝缘遮蔽。

图 3-6　绝缘子遮蔽罩

图 3-7　熔断器遮蔽罩

（6）低压绝缘毯（见图 3-8）。用于对低压线路装置上带电或不带电部件进行绝缘包缠遮蔽。

(a)　　　　　　　　　　　　　　(b)

图 3-8　低压绝缘毯和毯夹

（a）绝缘毯；（b）毯夹

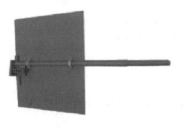

图 3-9　绝缘隔板

（7）绝缘隔板（见图 3-9）。又称绝缘挡板，用于隔离带电部件、限制带电作业人员活动范围的硬质绝缘平板护罩。

2. 预防性试验要求

与个人绝缘防护用具相同，绝缘遮蔽用具也需要按时进行预防性试验。0 级低压绝缘遮蔽用具预防性试验相关要求见表 3-2。00 级低压绝缘遮蔽用具适用标称电压交流有效值为 500V、预防性试验电压为 2.5kV。

表 3-2　0 级绝缘遮蔽用具预防性试验相关要求

序号	名称	适用标称电压（交流有效值，V）	耐压实验要求（kV/min）	试验周期（月）
1	导线遮蔽罩	1000	5	12
2	跳线遮蔽罩	1000	5	12
3	绝缘子屏蔽罩	1000	5	12
4	熔断器屏蔽罩	1000	5	12
5	低压绝缘毯	1000	5	12

第二节　不停电作业操作工器具

一、绝缘手工工具

1. 定义及技术要求

绝缘手工工具包括包覆绝缘手工工具和绝缘手工工具。包覆绝缘手工工具由金属材料制成，是全部或部分包覆有绝缘材料的手工工具。绝缘手工工具是指除了端部金属插入件以外，全部或主要由绝缘材料制成的手工工具。

主要技术要求如下：

（1）在规定的正常使用条件下，包覆绝缘手工工具和绝缘手工工具应保证操作人员和设备的安全。

（2）手工工具在包覆绝缘层后应不影响工具的机械性能。

（3）带电作业用绝缘手工工具常用来支撑、移动带电体或切断导线，必须有足够的机械强度以防断裂而造成事故。

（4）绝缘材料应根据使用中可能经受的电压、电流、机械和热应力进行选择，绝缘材料应有足够的电气绝缘强度和良好的阻燃性能。

（5）绝缘层可由一层或多层绝缘材料构成，如果采用两层或多层，可以使用不同的颜色，绝缘外表面应具有防滑性能。

（6）在环境温度为-20～+70℃时，工具的使用性能应满足工作要求，制作工具的绝缘材料应牢固地黏附在导电部件上，在低温环境中（-40℃）使用的工具应标上 C 类标记，并按低温环境进行设计。

（7）可装配的工具应有锁紧装置以避免因偶然原因脱离。

（8）双端头带电作业工具应制成绝缘工具而不应制成包覆绝缘工具。

（9）金属工具的裸露部分应采取必要的防锈处理。

2. 主要绝缘手工工具

（1）螺钉旋具和扳手（见图3-10）。螺钉旋具（俗称螺丝刀）工作端允许的非绝缘长度：槽口螺钉旋具的最大长度为15mm；其他类型的螺钉旋具（方形、六角形）最大长度为18mm。螺钉旋具刃口的绝缘应与柄的绝缘连在一起，刃口部分的绝缘厚度在距刃口端30mm的长度内不应超过2mm，这一绝缘部分可以是柱形的或锥形的。

操作扳手的非绝缘部分为端头的工作面；套筒扳手的非绝缘部分为端头的工作面和接触面。

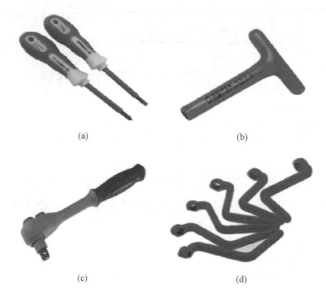

图3-10 螺钉旋具和扳手

（a）螺钉旋具；（b）内六角扳手；（c）套筒扳手1；（d）套筒扳手2

（2）手钳、剥皮钳、电缆剪及电缆切割工具（见图3-11）。绝缘手柄应有护手，以防止手滑向端头未包覆绝缘材料的金属部分，护手应有足够高度以防止工作中手指滑向导电部分。手钳握手左右，护手高出扁平面10mm；手钳握手上下，护手高出扁平面5mm。护手内侧边缘到没有绝缘层的金属裸露面之间的最小距离为12mm，护手的绝缘部分应尽可能向前延伸实现对金属裸露面的包覆。对于手柄长度超过400mm的工具可以不需要护手。

（3）刀具（见图3-12）。常见刀具为绝缘电工刀，绝缘电工刀的绝缘手柄的最小长度为100mm。为了防止工作时手滑向导体部分，手柄的前端应有护手，护手的最小高度为5mm。护手内侧边缘到非绝缘部分的最小距离为12mm，刀口非绝缘部分的长度不超过65mm。

（4）绝缘镊子（见图3-13）。镊子的总长为130~200mm，手柄的长度应不小于80mm。镊子的两手柄都应有一个护手，护手不能滑动，护手的高度和宽度应足以防止工作时手滑

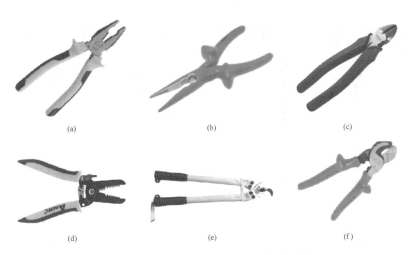

图 3-11 手钳、剥皮钳、电缆剪及电缆切割工具

（a）钢丝钳；（b）尖嘴钳；（c）斜口钳；（d）剥皮钳；（e）断线钳1；（f）断线钳2

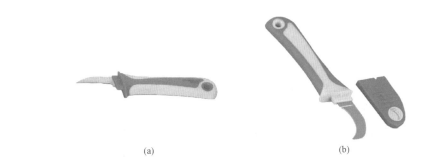

图 3-12 绝缘电工刀

（a）直头绝缘电工刀；（b）弯头绝缘电工刀

图 3-13 绝缘镊子

向端头未包覆绝缘的金属部分，最小尺寸为 5mm。手柄边缘到工作端头的绝缘部分的长度应为 12～35mm。工作端头未绝缘部分的长度应不超过 20mm。全绝缘镊子应没有裸露导体部分。

二、绝缘操作工具

绝缘操作工具主要包括绝缘棒、放电杆、绝缘夹钳三种，下面分别介绍其主要作用、使用方法和注意事项。

1. 绝缘棒

（1）主要作用。绝缘棒又称绝缘杆、操作杆（见图 3-14），其主要作用是接通或断开隔离开关、跌落式熔断器，安装和拆除携带型接地线及带电测量和试验工作。

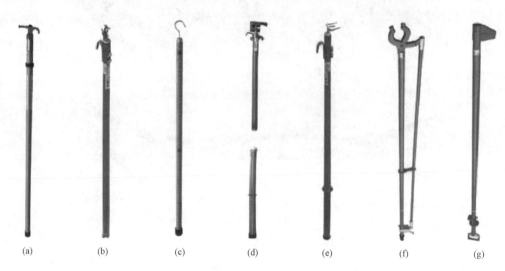

图 3-14　绝缘棒

（a）绝缘操作杆；（b）绝缘梅花头操作杆；（c）绝缘测量杆；（d）绝缘平头锁杆；（e）绝缘三齿耙；
（f）绝缘夹杆；（g）导线线径测量杆

（2）使用方法和注意事项。

1）使用绝缘棒时，工作人员应戴绝缘手套和穿绝缘靴，以加强绝缘棒的保护作用。

2）在下雨、下雪或潮湿天气，在室外使用绝缘棒时，应装有防雨的伞形罩，以使伞下部分的绝缘棒保持干燥。

3）使用绝缘棒时要注意防止碰撞，以免损坏表面的绝缘层。

4）绝缘棒应存放在干燥的地方，以防止受潮，一般应放在特制的架子上或垂直悬挂在专用挂架上，以防变形弯曲。

5）绝缘棒不得直接与墙或地面接触，以防碰伤其绝缘表面。

6）绝缘棒应定期进行预防性试验，预防性试验要求为 5kV/min，试验周期为 1 年。

2. 放电杆

（1）主要作用。放电杆（见图 3-15）用于室外各项高电压试验、电容元件试验中，在其断电后，对其积累的电荷进行对地放电，确保人身安全。伸缩型高压放电杆便于携带，具有方便、灵活、体积小、质量轻、安全的特点。

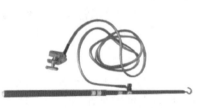

图 3-15　放电杆

（2）使用方法和注意事项。

1）把配制好的接地线插头插入放电杆的头端部位的插孔内，将地线的另一端与大地连接，接地要可靠。

2）放电应在试验完毕或元件断电后。

3）放电时应先用放电杆前端的金属尖头，慢慢地去靠近已断开电源试品或元件。然后再用放电棒上接地线上的钩子去钩住试品，进行第二次直接对地放电。

4）大电容积累电荷的大小与电容的大小、施加电压的高低和时间的长短成正比。

5）严禁未拉开试验电源用放电杆对试品进行放电。

6）放电杆受潮，影响绝缘强度，应放在干燥的地方。

7）放电杆应定期进行预防性试验，预防性试验要求为 5kV/min，试验周期为 1 年。

3．绝缘夹钳

（1）主要作用。绝缘夹钳（见图 3-16）是用来安装和拆卸高、低压熔断器或执行其他类似工作的工具。

（2）使用和保管注意事项。

1）绝缘夹钳不允许装接地线，以免操作时接地线在空中游荡造成接地短路和触电事故。

2）在潮湿天气只能使用专用的防雨型绝缘夹钳。

3）绝缘夹钳要保存在特制的箱子里，以防受潮。

4）工作时，应戴护目眼镜、绝缘手套和穿绝缘鞋或站在绝缘台（垫）上，手握绝缘夹钳要保持平衡。

图 3-16　绝缘夹钳

5）绝缘夹钳要定期进行预防性试验，预防性试验要求为 5kV/min，试验周期为 1 年。

除上述工具外，绝缘操作工具还包括绝缘绳等。常见的绝缘绳有人身绝缘保险绳、导线绝缘保险绳、绝缘测距绳、绝缘绳套等。绝缘绳是广泛应用于带电作业的绝缘材料之一，可用作运载工具、攀登工具、吊拉绳、连接套及保安绳等。软质绝缘工具主要指以绝缘绳为主绝缘材料制成的工具，包括吊运工具、承力工具等。

第三节　不停电作业旁路装备

一、旁路快速连接器

旁路快速连接器包括拔插式连接器和螺栓压接式连接器两种。

1．拔插式连接器

插拔式连接器（见图 3-17）由于安全、简单、快捷等特点，广泛应用于发电机组、应急/移动电源车、电力充电设备及测试等设备。

插拔式连接器可用于等级 5 和等级 6 的柔性电缆，实现发电车线缆与输出端、接入端的快速连接。插拔式连接器的基本部件有公耦合器、母耦合器、面板插座。

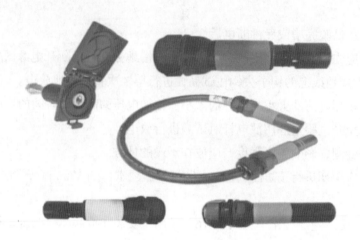

图 3-17　拔插式连接器

（1）公、母耦合器（见图 3-18）。公、母耦合器作为插拔式连接器的重要组成部分，与低压柔性电缆为固定式连接，可实现低压柔性电缆与其他装备和设备之间的快速连接。

(a)　　　　　　　　　　　　　　　　(b)

图 3-18　公、母耦合器

（a）电缆公插头；（b）电缆母插座

低压柔性电缆的终端头一般为公耦合器，现场作业时可实现与作业车辆、配电装置上的面板插座快速连接，作业完毕后低压柔性电缆可快速拆除。作业时如单组低压柔性电缆长度不够，一端有公耦合器的柔性电缆和一端有母耦合器的柔性电缆可实现快速对接，其通流能力与低压柔性电缆相匹配，为不同作业现场低压柔性电缆的灵活配置提供方便。公、母耦合器可实现对接，其插合状态的防护等级为IP67。

公、母耦合器中上部套有颜色鲜明的硅胶色环，与之相配的连接器形成颜色的对应，避免误插，图 3-18 所示的绝缘层上有清晰可见的颜色标记。

图 3-19　面板插座

（2）面板插座（见图3-19）。面板插座作为作业车辆、配电装置与低压旁路电缆的快速连接器，是作业车辆和配电装置内部电气连接的组成部分，其连接和安装方式均为固定式。

面板插座连接器的防尘盖用不同颜色原料注塑成型，外观上以非常直观的颜色区分，打开防尘盖，板端连接器还有相对颜色的色环，起到二次防护的作用。

（3）插拔式连接器技术参数见表3-3。

表3-3　插拔式连接器技术参数

序号		基本参数
1	额定电流	600A
2	额定电压	1000V
3	连接线尺寸	70～300mm²
4	外壳/插座体材料	PA/CuZn（Ag）
5	插合状态下	防护等级IP67（防水）
6	插拔次数	5000次
7	接触电阻	12μΩ
8	绝缘电阻	5000MΩ
9	平均拔插力	200N
10	环境温度	−20～+70℃
11	耐压	3000V AC
12	防火等级	UL94V−0
13	电流接触模式	多点接触，多表带技术
14	防误插保护	每个插接件所在相序分别设置黄、绿、红、蓝标记

2. 螺栓压接式连接器

螺栓压接式连接器是常见的低压旁路电缆与作业车辆、配电装置的快速连接器。其基本部件有直角连接器、面板插座、旁路电缆对接器。

（1）直角连接器（见图3-20）。直角连接器是面板插座和低压柔性电缆之间的连接设备，其两端的连接均为螺栓压接式。安装时，应先与低压柔性电缆进行螺旋固定，然后用专用绝缘扳手与插座面板进行螺旋固定，安装的端部有防护罩。

直角连接器尾端连接螺栓的不同规格，可与相同规格螺栓的旁路电缆（几种不同截面积）进行连接，以满足不同旁路负荷电流的需求。目前，螺栓为M8、M12、M16直角连接器，可满足旁路电缆200～630A载流要求。

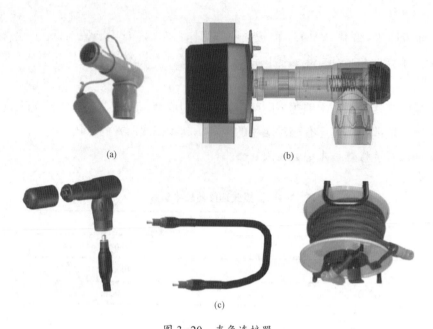

图 3-20　直角连接器

（a）外观；（b）内部结构；（c）直角连接器与电缆连接

（2）面板插座（见图 3-21）。面板插座作为作业车辆、配电装置的快速连接器，可与旁路电缆快速连接；作为作业车辆、配电装置内部电气连接的组成部分，其连接和安装方式均为固定式，面板插座连接器的防尘盖能起到二次防护的作用。

（3）旁路电缆对接器（见图 3-22）。旁路电缆对接器主要用于低压柔性电缆的对接使用，与直角连接器配合使用，较小电流可实现一路电缆对接，较大电流可实现二.路电缆同时对接，为低压柔性电缆的灵活配置提供方便。

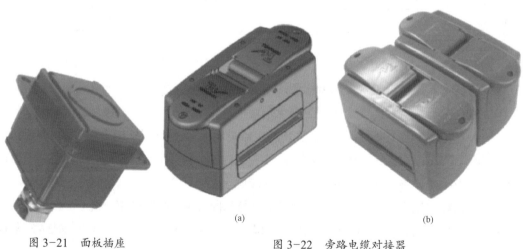

图 3-21　面板插座

图 3-22　旁路电缆对接器

（a）2 个插座；（b）4 个插座

（4）实际应用。直角连接器的实际应用如图 3-23 所示。

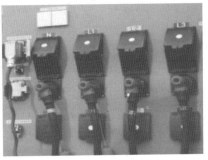

(a)　　　　　　　　　　　　　　　　(b)

图 3-23　直角连接器的实际应用

（a）直角连接器安装中；（b）直角连接器安装后

（5）直角连接器技术参数。直角连接器技术参数见表 3-4。

表 3-4　直角连接器技术参数

序号	技术参数	M8 直角连接器	M12 直角连接器	M16 直角连接器
1	最大电压（V）	1000	1000	1000
2	最大电流（A）	250	400	630
3	适用电缆截面积（mm²）	35、50	120、185、240	185、240
4	连接器和插座	M8 连接器（M8 螺纹端子）、M8 插座	M12 连接器（M12 螺纹端子）、M12 插座	M16 连接器（M16 螺纹端子）、M16 插座
5	保护装置	IP2X（触摸保护）	IP2X（触摸保护）	IP2X（触摸保护）
6	连接器装拆工具	伸缩套筒	伸缩套筒	伸缩套筒
7	保护帽	可拆卸式	可拆卸式	可拆卸式

二、母排汇流夹钳

母排汇流夹钳包括插拔式母排汇流夹钳、螺栓压接式母排汇流夹钳、小电流母排汇流夹钳三种。

1. 插拔式母排汇流夹钳

（1）主要作用。插拔式母排汇流夹钳（见图 3-24）作为配电柜（箱）等设备上运行母排与低压柔性电缆间的连接器，实现发电车线缆与配电柜母排的快速连接，安全、快捷，并可带电操作。

插拔式母排汇流夹钳能与等级 5 和等级 6 插拔式连接器的柔性电缆连接，在母排上用

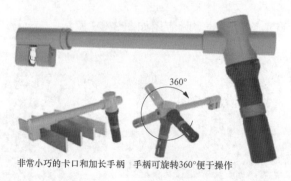

非常小巧的卡口和加长手柄　手柄可旋转360°便于操作

图 3-24　拔插式母排汇流夹钳

专用工具旋转夹紧固定。汇流夹钳的短路电流为 1.75kA，1s。额定峰值耐受电流为 22kA，绝缘等级 8kA，母排汇流夹钳安装示意图如图 3-25 所示。

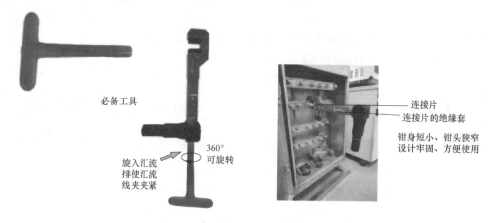

必备工具

旋入汇流排使汇流线夹夹紧

360° 可旋转

连接片
连接片的绝缘套

钳身短小、钳头狭窄
设计牢固、方便使用

图 3-25　母排汇流夹钳安装示意图

（2）实际使用。插拔式母排汇流夹钳的实际应用如图 3-26 所示。

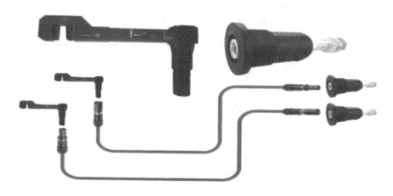

图 3-26　拔插式母排汇流夹钳的实际应用

（3）插拔式母排汇流夹钳基本参数见表 3-5。

表 3-5　插拔式母排汇流夹钳基本参数

序号	基本参数	
1	额定电流	600A
2	额定电压	1000V
3	短路电流	1.75kA,1s
4	额定峰值耐受电流	4.5kA
5	绝缘等级	8kA
6	绝缘材料	PVC/POM
7	电缆连接	永久连接
8	遵循标准	GB/T 11918.1

2. 螺栓压接式母排汇流夹钳

（1）主要作用。螺栓压接式母排汇流夹钳（见图 3-27）主要与螺栓压接式的直角连接器配合使用，可用手握部分操作螺栓紧固在低压母排上，而后用套筒扳手将直角连接器固定在母排汇流夹钳的尾端。

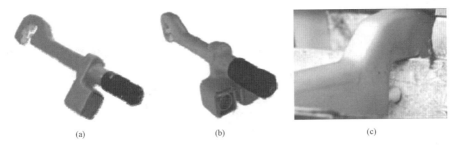

(a)　　　　　　　　(b)　　　　　　　　(c)

图 3-27　螺栓压接式母排汇流夹钳

（a）汇流夹钳（1路）；（b）汇流夹钳（2路）；（c）汇流夹钳与母排的连接

此种母排汇流夹钳有一路和两路旁路电缆出线，目前一路旁路电缆出线的汇流夹钳最大额定电流为 400A，两路为 800A。

（2）实际使用情况。螺栓压接式母排汇流夹钳的实际应用如图 3-28 所示。

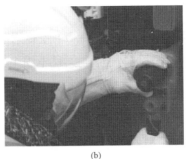

(a)　　　　　　　　　　　　(b)

图 3-28　螺栓压接式母排汇流夹钳的实际应用

（a）汇流夹钳安装后；（b）汇流夹钳与直角连接器的连接

113

（3）螺栓压接式母排汇流夹钳技术参数见表3-6。

表3-6　螺栓压接式母排汇流夹钳技术参数

序号	技术参数	旁路电缆出线（1路）	旁路电缆出线（2路）
1	最大电压（V）	1000	1000
2	最大电流（A）	400	800
3	连接器插座	M12螺纹口	M12螺纹口
4	测试点	4mm安全插座	4mm安全插座
5	适用范围	垂直母线（最大厚度35mm）或水平母线（最大厚度18mm，最大宽度55mm）	垂直母线（最大厚度35mm）或水平母线（最大厚度18mm，最大宽度55mm）
6	保护装置	IP2X（触摸保护）	IP2X（触摸保护）

3. 小电流母排汇流夹钳

此种母排汇流夹钳无须经连接器中间过桥连接，在与旁路电缆连接后，可直接安装在母排上。其外形如图3-29所示。

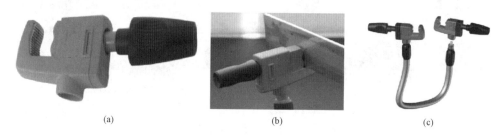

（a）　　　　　　　　　　　（b）　　　　　　　　　　　（c）

图3-29　小电流母排汇流夹钳的实际应用

（a）实物；（b）安装使用；（c）连接应用

小电流母排汇流夹钳与旁路电缆的连接螺栓为M8，母排汇流夹钳的最大额定电流为200A，主要适用于负荷电流200A以下的旁路作业。

三、低压旁路开关箱

低压旁路开关箱（见图3-30）主要用于低压不停电作业或检修时，提供临时性的电源路径或分断电路功能，通过与柔性电缆组建旁路系统转移负荷，可在不停电的情况下完成线路的检修工作，大大提高了供电可靠性。低压旁路开关箱一般为一进两出，采用630A断路器，箱体内采用铜排进行互联，进出线均为快速插拔式连接。

四、低压发电车并网箱

1. 主要作用

传统的低压发电车保供电作业在其接入、退出的过程中，由于发电车与市电无法同期

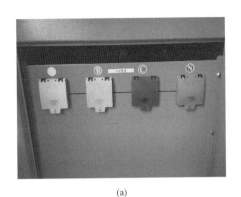
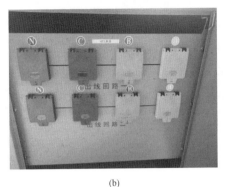

(a)
(b)

图 3-30 低压旁路开关箱实物

(a) 正面；(b) 反面

并网，导致会对用户进行 2 次短时停电操作，低压发电车并网箱(见图 3-31)可以实现低压发电车不停电接入、退出。内部主要包括开关操动机构及相应通信二次接线，共有 3 路电缆出线(2 进 1 出)，均采取快速插拔连接方式，额定电压为 400V，额定开断负荷电流 630A。

2. 实际应用

低压发电车不停电接线如图 3-32 所示，下面简单介绍低压发电车通过并网箱不停电接入流程：

图 3-31 低压发电车并网箱实物

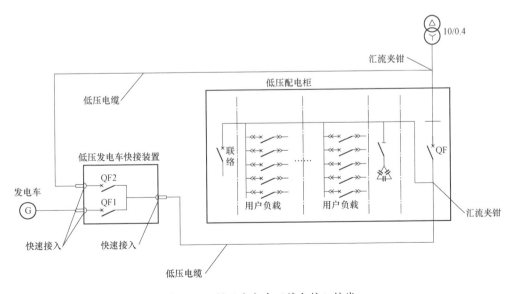

图 3-32 低压发电车不停电接入接线

115

（1）相序无误，合上断路器 QF2，断开原线路断路器 QF。

（2）启动低压发电机组，电压频率正常后，通过断路器 QF1 合闸，发电车通过并网箱自动检同期并网。

（3）断开断路器 QF2，此时由发电车单独给用户负载供电。

五、快速接入装置

1. 主要作用

快速接入装置（见图 3-33）又称发电车快速接入装置箱。发电车快速接入装置箱作为固定安装的设备，其与配电柜（箱）、用户之间有固定的电气连接，并配备有快速连接器，当用户因故失电后，发电车等临时供电装置可快速接入本装置箱，实现短时间内恢复供电。

(a)   (b)

图 3-33　快速接入装置箱

（a）嵌入式（户内）；（b）外置式（户外）

发电车快速接入装置箱根据安装方式可分为落地式和挂墙式，发电车接入装置箱外壳防护等级为 IP56，外壳防撞等级为 IK10。柜体表面进行酸洗去脂、烘干、纳米陶瓷涂层（带静电吸附原理），对封闭结构的内表面也要喷涂或进行防锈处理，柜体各个面及角落缝隙都能被底漆附着，能达到最佳的保护效果。

2. 快速接入装置基本参数

快速接入装置的基本参数见表 3-7。

表 3-7　快速接入装置的基本参数

序号	基本参数	
1	额定电流	800A（可选）
2	额定电压	1000V
3	连接线尺寸	95～300mm^2
4	输入输出形式	快速插拔式或线耳螺栓式
5	电流回路	单回路或双回路
6	插拔次数	5000 次
7	防误插保护	每个插接件按所在相序分别设置黄、绿、红、蓝标记

注　根据作业环境可安装有冷凝抽湿装置：箱体内设有防潮冷凝抽湿装置进行抗潮湿、防凝露，确保长期运行保持湿度恒定。低温除霜功能装置具有低温结霜检测功能，当装置结霜后自动启动化霜功能，保证低温下正常除霜。

六、移动箱变车

移动箱变车是装有一台箱式变电站的移动电源，箱式变压器的高、低压侧分别安装一组高压负荷开关和低压空气断路器。通过负荷转移实现对杆上配电变压器的不停电检修，也可以从高压线路临时取电给低压用户供电。

1. 移动箱变车的分类及配置

（1）分类。移动箱变车按车载配置设备分为基本型和扩展型。

1）基本型。开展较简单的配电线路及电缆临时供电作业项目。

2）扩展型。开展较复杂的配电线路及电缆临时供电作业项目。

移动箱变车应具备的主要功能见表 3-8。随着技术的进步和成熟，可增加新的功能。

表 3-8　移动箱变车应具备的主要功能

功能	项目	基本型	扩展型
旁路柔性电缆卷盘	手动卷缆	T	T
	机械或液压卷缆	F	F
低压电缆卷盘	手动卷缆	F	F
	机械或液压卷缆	F	T
相位检测	高压侧相位检测	T	T
	低压侧相位检测	T	T
	自动相位检测	F	F

功能	项目	基本型	扩展型
低压翻相	手动翻相	T	T
	自动翻相	F	F
高低压侧出线	高压侧出线快速接口	F	T
	低压侧出线快速接口	F	F
旁路负荷开关及环网柜	旁路负荷开关应具备可靠的安全锁定机构	T	T
	配备至少一进二出的环网柜	F	F
高低压保护	高压保护	F	T
	低压保护断路器额定值大于 2/3 变压器容量	F	T
辅助设备	液压垂直伸缩，液压支撑	T	T
	应急照明	F	F

注　T 表示应具有的功能，F 代表可具备的功能。

（2）基本配置。

1）车辆平台。车辆平台包括车辆底盘、厢体（车厢）结构等，是移动箱变车的运输载体。

2）车载设备。车载设备主要包括变压器、旁路负荷开关、旁路柔性电缆、低压配电屏等。

3）辅助系统。移动箱变车的辅助系统主要包括电气、照明、接地、液压、安全保护等系统。

移动箱变车典型设计如图 3-34 所示。

2. 主要技术条件

（1）工作条件。

1）海拔：不超过 1000m。

2）环境温度：-40～40℃。

3）相对湿度：不大于 95%（25℃时）。

（2）车载设备要求。

1）接线方式：高压侧接线为一组进线与两组出线，出线一组用于连接变压器，另一组可用于转供负荷。低压侧出线为两组负荷（一主一备）输出。

2）配电变压器：应符合 GB 50150《电气装置安装工程 电气设备交接试验标准》的规定，容量可采用 250～630kVA 等规格的三相油浸自冷线圈无励磁调压配电变压器或干式变压器。

3）旁路负荷开关：应符合 Q/GDW 249《10kV 旁路作业设备技术条件》的规定，全绝

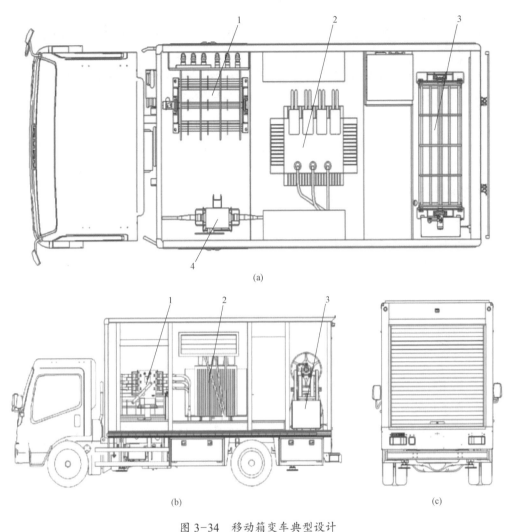

图 3-34　移动箱变车典型设计

（a）移动箱变车俯视图；（b）移动箱变车左视图；（c）移动箱变车后视图

1—低压输出装置；2—变压器；3—旁路电缆输放装置；4—旁路负荷断路器

缘，全密封，并能与环网柜、分支箱互连，具备良好的操作性能（机械寿命不少于 3000 次循环）和灭弧性，具备可靠的安全锁定机构。

4）旁路柔性电缆：应符合 Q/GDW 249《10kV 旁路作业设备技术条件》的规定，可弯曲能重复使用。

5）旁路连接器：包括进线接头装置、终端接头、中间接头、T 形接头，应符合 Q/GDW 249《10kV 旁路作业设备技术条件》的规定。连接接头要求结构紧凑、对接方便，并有牢固、可靠的可防止自动脱落锁口，在对接状态能方便改变分离状态。

6）旁路电缆连接附件：旁路电缆连接附件包括可触摸式终端肘型电缆插头、可分离式电缆接头、辅助电缆、引下电缆等，应符合 Q/GDW 249《10kV 旁路作业设备技术条件》

的规定。型号与柔性电缆、带电作业用消弧开关、箱式变电站、环网柜、分支箱和高、低压进线柜匹配。

7）低压配电屏：应符合 GB 7251.1《低压成套开关设备和控制设备 第 1 部分：总则》的规定，将低压电路所需的开关设备、测量仪表、保护装置和辅助设备等，按一定的接线方式布置安装在金属柜内。低压配电屏为固定面板安装式，结构紧凑、少维护或免维护，具备高分断能力灭弧熔断器且操作性能安全可靠的分路出线单元，出线负载电缆宜采用快速连接方式。

8）低压柔性电缆：应符合 GB 7594《电线电缆橡皮绝缘和橡皮护套》的规定，可弯曲能重复使用。

9）环网柜：应符合 GB 11022《高压交流开关设备和控制设备标准的共用技术要求》的规定，应分为负荷开关室（断路器）、母线室、电缆室和控制仪表室等金属封闭的独立隔室，其中负荷开关室（断路器）、母线室和电缆室均有独立的泄压通道。

（3）辅助装置。

1）接地系统：移动箱变车应有专用的集中接地点，并具有明显的接地标志。移动箱变车上各电气设备及整车应具有可靠的保护和工作接地连接网络，整车配置充足可靠的接地线缆和接地钎等设备，并设置方便操作的接地连接点。接地电阻均应不大于 4Ω，保护接地和工作接地要相距 5m 及以上。

2）液压系统：为移动箱变车在车库停放时或是在机组工作时保护轮胎及车桥提供支撑，四只液压支腿带有锁定装置，每只腿均能独立操作。

七、应急发电车

应急发电车（见图 3-35）也称移动电源车、应急电源车。多功能应急发电车主要用

图 3-35　应急发电车

于若停电将会产生严重影响的电力、通信、会议、工程抢险和军事等场所，作为机动应急用电源。发电车具有良好的越野性和对各种路面的适应性，适应于全天候的野外露天作业，而且能在极高、极低气温和沙尘等恶劣的环境下工作，具有整体性能稳定可靠、操作简便、噪声低、排放性好、维护性好等特点。

1. 适用环境

（1）环境温度：−20～40℃。

（2）海拔：≤2000m。

（3）抗风等级：八级。

2. 基本性能

（1）车载系统。

1）车速。电源车选用质量较好汽车的发动机与底盘，移动速度可达 100km/h 以上。

2）载重量。在考虑应急电源的全部设备质量总和的基础上，车辆的载重量还留有 10%～15% 的裕度。

3）人性化操作和维修空间。机组开机、关机操作和仪表观察时，操作人员可在车内进行。车厢内留有较大空间并装有附属设施，以方便维修和保养，操作间装有计算机、空调、沙发等设施，在外界恶劣环境保电时可供操作员有良好的工作环境。

4）安全措施。车厢内门口处配有消防灭火器，车厢内配有烟感报警器、照明灯和应急灯，还有方便使用的接地纤和接地线，以有效保证发电车的安全。

（2）柴油发电机组。

1）柴油机宜选用知名品牌。

2）发电机组采用无自励交流同步发电机，采用自动电压调节。

3）发电机安装底座为机底油箱结构，油箱储油能满足机组运行 8h 以上的要求。

4）发电机组的功率有 20～2000kW 多种规格：带有缸套水预热和启动蓄电池浮充装置，随时处于备用状态，机组启动后能在 12s 内带满负载，完全满足应急快速供电的要求。

（3）控制与操作系统。

1）机组配套的控制屏提供手动启动机组的功能，可自动监测机组的运行；提供机组的保护功能，控制屏面板上提供机组运行全部参数的指示表，便于直观地查看机组状态。

2）紧急停机按钮。箱体侧安装有观察操作窗，该窗可通过手动方式完成机组的开启及关闭操作。操作窗口内需安装紧急停机开关，当机组出现异常时可以快速停机。操作员可以在该窗开启时完成对柴油发电机组开启、停止、主开关送电、主开关断电、其他附属开关送电及断电等相关操作，可以在该窗关闭时通过观察窗观察到柴油发电机组各类运行数据等。

3）控制箱。车厢侧面设有控制箱，发电机组电力输出部分、避雷系统安装于控制箱内，操作人员可站在地面进行机组及对其他设备的操作、检查、监控，操作方便。控制箱的出线空气断路器，当电流偏大超出该空气断路器的设定值时，即会自动断开。

4）当出现机油压力偏低、冷却液温度偏高、机组超速等异常情况时，会自动报警或停机。

5）市电充电接口。车厢外应安装市电充电接口，用于为机组提供交流 220V、380V 电源，供机组加热充电、照明、车辆底盘电池充电使用，应具有良好的防水防尘、抗冲防振、密封性和绝缘性。

（4）出线电缆装置。发电车的动力电缆选用 YC 系列重型橡套软电缆，长度一般为 50m，也可根据需要增加到 100m，电缆线径与发电机容量相匹配，以满足各种特殊应用场合应急供电的需要。电缆的工作电压为 450～750V，工作温度为 10～65℃，电缆阻燃、耐高温（65℃）抗油性好。

电缆绞盘采用单相分体式电动电缆绞盘，可以根据现场需要进行无级调速，同时具备手动功能，在没有外接电源或发电车未启动的情况下可以用手操作进行收放电缆。

输出电缆与发电机组输出端的连接采用电缆快速连接器连接。每根电缆一端为铜鼻子，另一端为快速连接器，连接器应具有插拔快捷、接线方便、电接触可靠、密封性和绝缘性良好、防水防尘、抗冲防振、使用寿命长的特点。

第四节 绝缘承载用具

一、低压综合抢修车

1. 主要作用

低压综合抢修车（见图 3-36）主要用于低压配电架空线路的带电作业和应急抢险等工作，操作方便灵活，可在狭窄的城区及乡村的道路上进行高空作业。车辆一般选用皮卡底盘，上装以混合臂式为主，上装的作业臂为金属臂，工作斗为绝缘斗。

(a)   (b)

图 3-36 低压综合抢修车

（a）收臂；（b）展臂

2. 主要技术参数

低压综合抢修车主要技术参数见表 3-9。

表 3-9　低压综合抢修车主要技术参数

序号	名称	技术参数
1	作业线路电压	0.4kV
2	工作斗额定载荷	≥100kg
3	工作斗类型	单人单斗
4	工作斗尺寸（长×宽×高）	≥0.6m×0.7m×1.0m
5	最大作业高度	≥12m
6	工作斗最大作业高度时作业幅度	≥1.2m
7	工作斗最大作业幅度（半径）	≥5m
8	回旋角度	330°（非连续回转）
9	支腿型式	前A后H
10	支腿调整方式	单独可调
11	臂架型式	混合式
12	操作系统	工作斗和转台两组操作系统
13	液压系统	液压无级调速
14	应急动力系统	手动应急泵
15	安全装置	整车水平仪
16	调平系统	液压自动调平
17	车体接地线	≥25mm² 多股接地铜线
18	操作方式	具备有线和无线遥控
19	作业斗调平方式	液压调平
20	安全装置	配备水平传感、过载传感器、紧急停止装置、支撑腿传感器、防干涉传感器、液压缸自动锁紧置、手动辅助应急系统等
21	工作外斗沿面耐受电压	50kV/min（0.4m）
22	工作内斗沿面耐受电压	50kV/min
23	车内电源接口装置	220V 电源接口、24V 直流电源接口

二、绝缘梯

1. 主要作用

在低压配电网不停电作业中，绝缘梯（见图 3-37）作为作业时人员的承载工具，属于主绝缘工具。常用的有绝缘单梯、绝缘关节梯、绝缘合梯、绝缘人字梯、绝缘升降梯（绝缘伸缩单梯、绝缘伸缩合梯、绝缘伸缩人字梯）等。绝缘梯采用高温聚合拉挤制造工艺，材质选用环氧树脂结合销棒技术。梯撑、梯脚防滑设计不易疲劳，梯各部件外形无尖锐棱角，安全程度高，绝缘性能强，吸水率低，耐腐蚀。

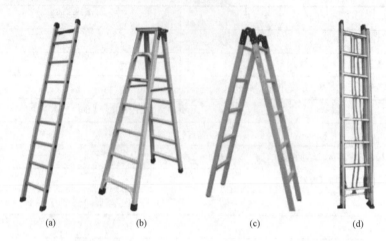

图 3-37　绝缘梯
（a）绝缘单梯；（b）绝缘人字梯；（c）绝缘关节梯；（d）绝缘伸缩单梯

2. 使用注意事项

（1）使用梯子前，必须仔细检查梯子表面、零配件、绳子等是否存在裂纹、严重的磨损及影响安全的损伤。

（2）使用梯子时应选择坚硬、平整的地面，以防止侧歪发生危险；如果梯子使用高度超过 5m，请务必在梯子中上部设立拉线。

（3）梯子应坚固完整，有防滑措施。梯子的支柱应能承受攀登时人员及所携带的工具、材料的总质量。

（4）单梯的横担应嵌在支柱上，并在距梯顶 1m 处设限高标志。使用单梯工作时，梯与地面的斜角度约为 60°。

（5）梯子不宜绑接使用。人字梯应有限制开度的措施。

（6）人在梯上时，禁止移动梯子。

三、绝缘平台

1. 主要作用

绝缘平台由绝缘材料加工制作，安装固定在电杆上，是承载带电作业人员并提供带电作业时人与电杆等接地体的绝缘保护的工作平台，主要由中心轴、抱杆装置、主平台及附件、支撑绝缘管等部件组成，按结构功能可分为固定式、旋转式、升降旋转式三种类型。实际作业中可根据线路装置和作业项目进行选择。

（1）固定式绝缘平台（见图 3-38）。不具备其他辅助功能的绝缘平台，无活动式传动机构，安装固定于电杆后，平台的高度和角度也随之固定。

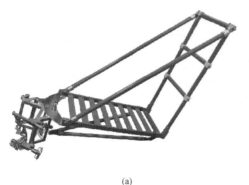

(a)　　　　　　　　　　　　　　　　(b)

图 3-38　固定式绝缘平台

（a）示意图；（b）实际应用

（2）旋转式绝缘平台（见图 3-39）。具备旋转功能的绝缘平台，平台旋转传动机构由中心轴及转动装置构成，作业人员可根据作业要求选择合适的水平位置进行作业。

（3）升降旋转式绝缘平台（见图 3-40）。具备升降和旋转功能的绝缘平台，作业人员可根据作业要求，选择合适的垂直高度和水平位置进行作业。

图 3-39　旋转式绝缘平台　　　　　图 3-40　升降旋转式绝缘平台

2. 使用注意事项

绝缘平台按荷载能力分为Ⅰ级、Ⅱ级、Ⅲ级三个级别，可根据作业人员的体重选用。

表 3-10　绝缘平台荷载能力级别及相关参数

荷载级别	作业人员体重（kg）	额定荷载（N）	破坏荷载（N）	静荷载（N）	动荷载（N）	冲击荷载（N）
Ⅰ	≤70	850	2550	2125	1275	850

续表

荷载级别	作业人员体重（kg）	额定荷载（N）	破坏荷载（N）	静荷载（N）	动荷载（N）	冲击荷载（N）
Ⅱ	70～90	1050	3015	2625	1575	1050
Ⅲ	90～120	1350	4050	3375	2025	1350

注　冲击荷载为安全带挂点的试验项目。

四、绝缘蜈蚣梯

1. 主要作用

绝缘蜈蚣梯（见图 3-41）是一种由底座、基本单元、绝缘缆风绳及配件通过可靠连接而组成，整体结构采用复合绝缘材料制作，可快速搭建的形似蜈蚣的带电作业用绝缘梯。绝缘蜈蚣梯可作为绝缘作业平台应用于带电清除异物，带电安装或拆除设备绝缘遮蔽，带电断、接引线，带电更换隔离开关或熔断器，带电立杆，带负荷更换柱上开关等项目。绝缘蜈蚣梯可有效解决绝缘斗臂车无法到达的山地、农田和变电站出线处等地形环境，在常规脚扣登高绝缘杆作业不适用时，开展带电作业的需求。

(a)　　　　　　　　　　　　　　　　　　(b)

图 3-41　绝缘蜈蚣梯

（a）使用场景 1；（b）使用场景 2

2. 使用注意事项

（1）绝缘蜈蚣梯的搭设高度应按照作业点线路或装置来确定，一般不超过最高层导线。

（2）地锚桩上的临时拉线不得超过2根，不应利用树木或外露岩石作受力桩，不应固定在可能移动或其他不可靠的物体上。

（3）绝缘蜈蚣梯的每个基本段上部都应设置拉线，每层拉线数量不得少于4根。拉线与地面之间的夹角应不大于45°。

（4）作业人员攀登过程中不得失去安全带的保护，到达工作位置后应系好后备保护绳。后备保护绳不得挂在脚钉和绝缘蜈蚣梯最上的端部。

（5）作业人员攀登绝缘蜈蚣梯作业时，地锚桩应有专人看守。

五、绝缘脚手架

1. 主要作用

绝缘脚手架（见图3-42）的主体结构采用玻璃纤维和环氧树脂（EP）制作成的绝缘管，由梯架、横斜杆及连接件和踏板相组合，具有搭建快捷、拆装简单、方便使用、有机械强度高、绝缘性能优良等优点，适用于多种带电施工场所和高空带电作业，弥补了绝缘斗臂车不能进场施工的不足。

2. 使用注意事项

（1）严禁在绝缘脚手架横支撑杆、斜支撑杆和级架上攀登，应从绝缘脚手架框内的爬梯上下。

（2）绝缘脚手架顶层平台板上，作业人员应不超过2人。工具、材料和人员总重不超过250kg。严禁超负荷使用。

（3）安全带应悬挂在安全带悬挂器上。安全带悬挂器应安装在级架上。禁止把横支撑杆、斜支撑杆作为安全带固定点。

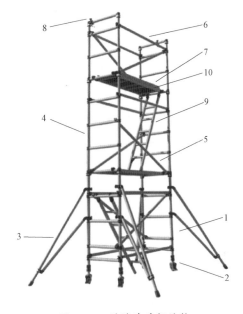

图3-42　绝缘脚手架结构

1—底座；2—底脚（轮脚）；3—外支撑架；4—级架；5—斜支撑杆；6—横支撑杆（防护栏）；7—平台板；8—安全带悬挂器；9—爬梯；10—挡脚板

（4）严禁在平台板上使用产生较强冲击力的工具（最大水平力不超过196N）。

（5）工器具、材料、物品必须统一存放固定，避免高空坠物。

（6）绝缘脚手架上有作业人员时，严禁移动或调整绝缘脚手架。

（7）使用过程中，工作负责人或专责监护人应密切关注绝缘脚手架的整体情况，发现底座底脚、外支撑架支腿沉陷或悬空、连接松动、架子歪斜、杆件变形等问题应立即停止作业。在问题没有解决之前严禁使用。

第五节 常用仪器仪表

一、低压验电笔

1. 主要作用

低压验电笔（见图 3-43）是用来检查室内低压电气设备或低压线路是否有电的检测工具。低压验电笔有钢笔式、螺丝刀式和数字显示式三种。

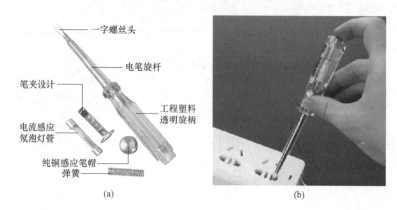

图 3-43 低压验电笔

（a）低压验电笔的结构；（b）低压验电笔的使用

2. 使用方法和注意事项

（1）使用低压验电笔验电时，应以手指触及笔尾的金属体，使氖管小窗口或液晶显示窗背光朝向自己。

（2）使用前，先要在有电的导体上检查电笔是否正常发光，检验其可靠性。

（3）在明亮的光线下往往不容易看清氖泡的辉光，应注意避光。

（4）低压验电笔可以用来区分相线和中性线，氖泡发亮的是相线，不亮的是中性线。

（5）低压验电笔可用来判断电压的高低。氖泡越暗表明电压越低；氖泡越亮，则表明电压越高。

二、低压验电器

1. 主要作用

低压验电器（见图 3-44）是用来检查低压电气设备或低压线路是否有电的检测工具，其主要结构为伸缩式绝缘杆和检测装置。

2. 使用方法和注意事项

（1）使用验电器前，应先检查验电器的工作电压与被测设备的额定电压（有高、低压之分）是否相符，验电器是否超过有效试验期，并检查绝缘部分有无污垢、损伤、裂纹；

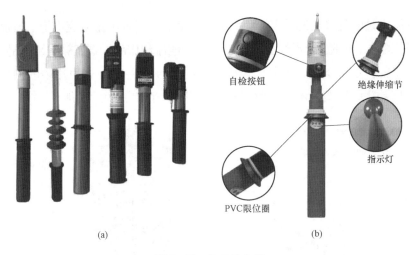

(a)　　　　　　　　　　(b)

图 3-44　低压验电器

（a）低压验电器；（b）低压验电器结构

检查声、光信号是否正常。利用验电器的自检装置，检查验电器的指示器叶片是否旋转以及声、光信号是否正常。

（2）验电时，工作人员必须穿绝缘鞋、戴绝缘手套，并且必须握在绝缘棒护环以下的握手部分，不得超过护环。同时不可以一个人单独测试，必须有人监护；测试时要防止发生相间或对地短路，人体与被测带电体应保持足够的安全距离，10kV 及以下电压的安全距离为 0.7m 以上。

（3）在验电时，应将验电器的金属接触电极逐渐靠近被测设备，一旦验电器开始正常回转，且发出声、光信号，说明该设备有电。应立即将金属接触电极离开被测设备，以保证验电器的使用寿命。若指示器的叶片不转动，也未发出声、光信号，则说明验电部位已确无电压。

（4）在停电设备上验电时，应先在有电设备上验电，验证验电器功能正常，且必须在设备进出线两侧各相分别验电，以防可能出现一侧或其中一相带电而未被发现。

（5）验电时，验电器不应装接地线，除非在木梯、木杆上验电，不接地不能指示者，才可装接地线。

（6）每次使用完毕，在收缩绝缘棒装匣或放入包装袋之前，应将表面尘埃拭净，再存放在柜内，保持干燥，避免积灰和受潮。

（7）室外使用高压验电器时，必须在天气良好的情况下进行。在雪、雨、雾及湿度较大的情况下不宜使用，以防发生危险。

三、万用表

1. 主要作用

万用表（见图 3-45）又称为多用表、万用表等，一般以测量电压、电流和电阻为主要目的。万用表是一种多功能、多量程的测量仪表，一般可测量直流电流、直流电压、交流电流、交流电压、电阻和音频电平等，有的还可以测电容量、电感量及半导体的一些参数。万用表按显示方式分为指针式万用表和数字式万用表。数字式万用表的测量值由液晶显示屏直接以数字的形式显示，读取方便，有些还带有语音提示功能。

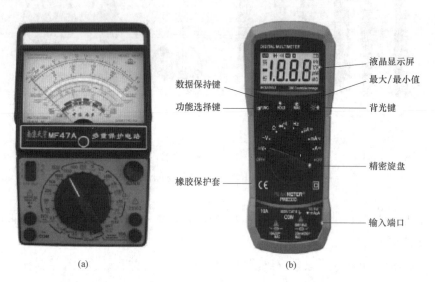

图 3-45　万用表

（a）指针式万用表；（b）数字式万用表

2. 使用方法及注意事项

（1）在使用机械式万用表之前，应先进行机械调零，即在没有被测电量时，使万用表指针指在零电压或零电流的位置上。注意万用表内部电池电量。

（2）在使用万用表过程中，不能用手去接触表笔的金属部分，这样一方面可以保证测量的准确，另一方面也可以保证人身安全。

（3）在测量某一电量时，不能在测量的同时换档，尤其是在测量高电压或大电流时。如需换档或插针位置，应先断开表笔，换档后再去测量。

（4）万用表在使用时，必须水平放置，以免造成误差。同时还要注意避免外界磁场对万用表的影响。

（5）机械式万用表使用完毕，应将转换开关置于交流电压的最大档，电子式万用表则置于 OFF。如果长期不使用，还应将万用表内部的电池取出来。

四、钳形电流表

1. 主要作用

钳形电流表又称安培钳（见图 3-46），是一种便携式电测仪表，用于不拆断电路情况下需测量电流的场所，具有使用方便、不用拆线、不切断电源的特点，主要适用于低压 20～

1000A 大电流测量和 TT 系统台区低压线路漏电原因的排查。钳形电流表由一只磁电式电流表和穿心式电流互感器组成，并有一个特殊的结构——可张开和闭合的活动铁芯，其工作原理是建立在电流互感器工作原理的基础上的。

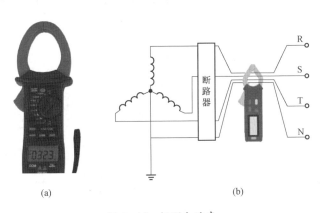

图 3-46　钳形电流表

（a）钳形电流表；（b）钳形电流表测漏电流

钳形电流表夹测低压线路漏电流的工作原理如图 3-46（b）所示。电网正常时，流过钳形电流表互感器的电路电流矢量和等于零，即此时钳形电流表无电流显示，表示线路无漏电；当流过钳形电流表互感器的电路电流矢量和不等于零，即此时钳形电流显示零序电流，表明线路存在漏电流，当数值较大时，则应继续排查下级线路漏电流。

2. 使用方法和注意事项

（1）测量前，应先检查钳形电流表铁芯的绝缘橡胶是否完好无损，钳口应清洁、无锈，闭合后无明显的缝隙。被测线路的电压不得超过钳形电流表所规定的额定电压，以防绝缘击穿和人身触电。

（2）测量前应估计被测电流的大小，选择合适的量程，不可用小量程档测大电流，也可先选较大量程，然后逐档减小，转换到合适的档位。转换量程档位时，必须在不带电情况下或者在钳口张开情况下进行，以免损坏仪表。钳形电流表是利用电流互感器的原理制成的，电流互感器二次侧不准开路。

（3）测量时，被测导线应尽量放在钳口中部，钳口的结合面若有杂声，应重新开合一次，若仍有杂声，应处理结合面，以使读数准确。钳形电流表不能测量裸导体的电流。测量过程中，应佩戴安全手套，并注意保持对带电部分的安全距离，以免发生触电事故。

（4）测量 5A 以下电流时，为得到较为准确的读数，在条件许可时，可将导线多绕几圈，放进钳口测量，其实际电流值应为仪表读数除以放进钳口内的导线匝数。目前新型数字式钳形电流表有多个量程可供选择，不再需要将导线绕圈测量。

（5）测量时应注意钳口夹紧，防止钳口不紧造成读数不准。测量结束后应将功能开关设置为"OFF"。

五、无线核相仪

1. 主要作用

无线核相仪（见图 3-47）用于检测环网或双电源电力网闭环点断路器两侧电源是否同相。在闭环两电源之前一定要进行核相操作，否则可能发生短路。

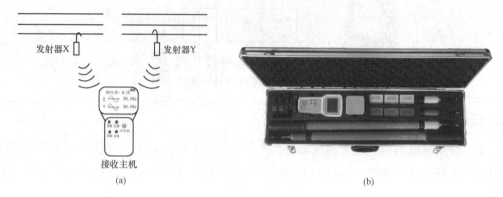

图 3-47 无线核相仪

（a）无线核相仪的使用；（b）无线核相仪

2. 使用方法和注意事项

（1）在低压架空线路上，常采用无线核相仪核相，手拿着 XY 发射器绝缘部分，接触 380V 线路，主机显示线路是否同相。

（2）在配电柜和配电箱中，常采用万用表进行核相。

（3）分别测已知相与校核相之间的电压，其同相电压接近 0V 或很小，非同相电压差接近 380V。

六、相序表

1. 主要作用

相序表（见图 3-48）是交流三相相序表的简称，是一种用于判别交流电三相相序的仪器。相序表能判断电路是否带电或判断电源正相、反相等，同时还可用于检测出现的缺相、逆相、三相电压不平衡、过电压、欠电压等现象。

2. 使用方法和注意事项

（1）将三根线分别接到预检测的三相线上，然后打开仪器，仪器上方的指示灯将会亮起。按下仪器上的测量键，开始检测。检测时，仪器上的四个相序指示灯（绿灯）按照顺时针的方向依次亮起，同时仪器发出短鸣声，则所测相线为正相序。反之，若仪器上相序指示灯（红灯）按逆时针的方向亮起，同时仪器发出长鸣声，则所测相线为逆相序。

（2）判断缺相/查找电源断线位置：将相序表上的三个钳夹任意夹住要检测的三相线，然后开机，并按下检测按钮。若出现了 R-S 或 S-T 灯不亮的状况，则说明发生了缺相的

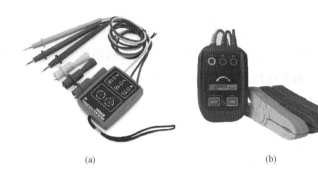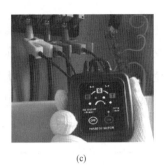

| (a) | (b) | (c) |

图 3-48 相序表

（a）指针式相序表；（b）夹钳式相序表；（c）相序表的使用

情况。如果要判断缺相、断线的位置，则应用任意一个钳夹，沿着所夹的相线移动，来检测该导线是否断线。若 R-S 或 S-T 灯不亮，则说明断线位置位于检测点之前，依次缩短钳夹检测点的位置，就能够精确地找出断线的位置，以便对线路进行检修。

（3）在使用相序表时，无须其他电源或电池为其供电，而是直接由被测电源供电即可。

（4）一般情况下，相序表的面板上拥有 A、B、C 三个发光二极管，其分别对应着三相来电。如果在测量中，被测电源出现缺相的情况，相应的二极管将不会发光。

（5）相序表的绝缘鳄口夹可用于夹取、检测直径为 2.4～30mm 的绝缘电线。

（6）在使用相序表时，若当三相输入线中有一条线接电时，表内就会带电，因此在打开机壳前一定要切断电源。

七、绝缘电阻测试仪

1. 主要作用

绝缘电阻测试仪（见图 3-49）是一种专门用来测量电气设备及线路的绝缘电阻。表计的显示有指针式和数字式两种，测试的电压主要有 500、1000、2500、5000V 等。

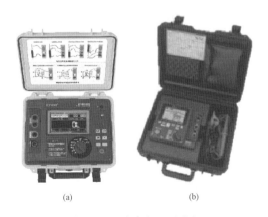

| (a) | (b) |

图 3-49 绝缘电阻测试仪

（a）指针式绝缘电阻测试仪；（b）数字式绝缘电阻测试仪

2. 使用方法和注意事项

（1）表计有三个测量端钮，即线路端钮（L）、接地端钮（E）、屏蔽端钮（G）。一般测量绝缘电阻时，只用L端和E端，L端接到被测设备的火端或相端，E端接到被测设备的地端。在测量电缆对地绝缘电阻时或被测设备的泄漏电流严重时，使用G端。

（2）线路接好后，先选择表计的测量电压档位，低压设备或线路可选择1000V及以下档位，再将电源按钮顺时针方向旋转至锁定状态，等表计的指针或数字稳定后读取测量数据。

（3）被测设备或线路测试前，应断开电源。

（4）测量电容较大的电机、变压器、电缆、电容器时，应对其进行充分放电，以保证人身安全和测量准确。

（5）绝缘电阻测试过程中，被测设备或线路上不能有人工作。

（6）测量前，应先将表计进行一次开路和短路试验，检查绝缘电阻表是否良好。开路时指针或数字应处于"∞"，短路时指针或数字应处于"0"，则说明表计良好，否则表计有误差或损坏。

（7）禁止在雷电时或附近有高压导体的设备上测量绝缘。

（8）表计电源未关闭前，切勿用手触及设备的测量部分或表计接线柱。拆线时，也不可直接触及引线的裸露部分。

附录 A

0.4kV 带负荷处理线夹发热

1. 适用范围

本指导书适用于绝缘手套法 0.4kV 带负荷处理线夹发热的工作。

2. 引用文件

DL/T 320—2019　个人电弧防护用品通用技术要求

Q/GDW 12218—2022　低压交流配网不停电作业技术导则

Q/GDW 10520—2016　10kV 配网不停电作业规范

Q/GDW 519—2014　配电网运维规程

Q/GDW 10799.8—2023　国家电网有限公司电力安全工作规程　第 8 部分：配电部分

3. 作业前准备

3.1　基本要求

作业前准备的基本要求见表 A.1。

表 A.1　作业前准备的基本要求

序号	内容	标　　准	备注
1	现场勘查	（1）工作票签发人或工作负责人应事先进行现场勘查，根据勘查结果做出能否进行不停电作业的判断，并确定作业方法及应采取的安全技术措施； （2）工作线路双重名称、杆号，杆身完好无裂纹、埋深符合要求、基础牢固、周围无影响作业的障碍物； （3）作业点周围是否有停放作业车辆等绝缘升降平台的空间； （4）作业点周围是否停有车辆或频繁有行人经过，是否存在掉落伤人可能；作业点周围是否存在绝缘老化、绑扎线松动、构件锈蚀严重等作业过程中可能引发短路意外的情况。 （5）是否存在的其他作业危险点等	—
2	了解现场气象条件	了解现场气象条件，判断是否符合电力安全工作规程对带电作业要求： （1）天气应晴好，无雷、无雨、无雪、无雾； （2）风力不大于 5 级； （3）相对湿度不大于 80%	—
3	组织现场作业人员学习作业指导书	掌握整个操作程序，理解工作任务及操作中的危险点及控制措施	—
4	工作票	办理配电带电作业工作票	—

3.2 作业人员要求

作业人员要求见表A.2。

表 A.2 作 业 人 员 要 求

序号	内容	备注
1	作业人员应身体健康，无妨碍作业的生理和心理障碍	—
2	作业人员经培训合格，持证上岗	—
3	作业人员应掌握紧急救护法，特别要掌握触电急救方法	—
4	作业人员应符合《国家电网有限公司电力安全工作规程 第8部分：配电部分》4.1中的有关要求	
5	高空作业人员必须具备从事高空作业的身体素质	—

3.3 工器具及车辆配备

工器具及车辆配备见表A.3。

表 A.3 工 器 具 及 车 辆 配 备

序号	工器具名称		规格、型号	单位	数量	备注
1	主要作业车辆	低压0.4kV综合抢修车（可升降）	—	辆	1	—
2	个人防护用具	绝缘手套	0.4kV	副	1	戴防护手套
3		安全帽	—	顶	3	—
4		绝缘鞋	—	双	3	—
5		双控背带式安全带	—	副	1	—
6		防电弧面屏	8cal/cm²	副	1	室外作业防电弧能力不小于6.8cal/cm²；配电柜等封闭空间作业不小于25.6cal/cm²
7		防电弧服	8cal/cm²	件	1	
8		防电弧手套	8cal/cm²	副	1	
9	绝缘遮蔽用具	绝缘毯	0.4kV	块	若干	根据现场设备情况选择（绝缘毯、绝缘罩）
10		低压电缆引线绝缘遮蔽用具	0.4kV	个	4	
11		绝缘毯夹	0.4kV	个	若干	
12	绝缘工器具	绝缘柄棘轮扳手	—	把	1	
13		绝缘引流线	0.4kV	根	1	
14		个人手工绝缘工具	—	套	1	
15		绝缘锁杆	0.4kV	根	1	
16		绝缘双头锁杆	0.4kV	根	2	

序号	工器具名称		规格、型号	单位	数量	备注
17	其他工器具	验电器	0.4kV	支	1	—
18		工频信号发生器	0.4kV	台	1	—
19		风湿度检测仪		台	1	—
20		绝缘手套充气装置	G99	个	1	—
21		钳形电流表	0.4kV	个	1	—
22		围栏、安全警示牌等	—	个	若干	根据现场实际情况确定
23		剥线器	—	把	1	—
24		钢丝刷	—	把	1	—
25		放电棒	—	根	1	—
26		防潮苫布	—	件	1	—
27	材料	接续线夹	—	件	4	低压专用
28		绝缘胶带	—	卷	4	—

3.4 危险点分析

危险点分析见表 A.4。

表 A.4 危 险 点 分 析

序号	内容
1	工作负责人（监护人）违章兼做其他工作或监护不到位，使作业人员失去监护
2	气象条件突然发生变化，造成人员伤害及设备损坏
3	绝缘引流线接入前未进行外观检查，因设备损毁或有缺陷未及时发现造成人身、设备事故
4	未设置防护措施及安全围栏、警示牌，发生行人、车辆进入作业现场的情况，造成伤害
5	低压带电作业车位置停放不佳，附近存在电力线和障碍物，坡度过大，造成车辆倾覆人员伤亡事故
6	作业人员未对低压带电作业车支腿情况进行检查，误支放在沟道盖板上、未使用垫块或枕木、支撑不到位，造成车辆倾覆人员伤亡事故
7	低压带电作业车操作人员未将低压带电作业车可靠接地，因漏电发生电击伤害
8	遮蔽作业时动作幅度过大，接触带电体形成回路，造成人身伤害
9	遮蔽不完整，留有漏洞、带电体暴露，作业时接触带电体形成回路，造成人身伤害
10	安装绝缘引流线方法错误，绝缘引流线与硬物、尖锐物摩擦，导致绝缘引流线损坏
11	作业前未检测确认待检修线路负荷电流，负荷电流过大造成绝缘引流线过载
12	处理发热线夹前未测温，造成作业人员烫伤或工器具损坏
13	更换接续线夹过程中，人体串入电路，造成人身伤害
14	未检测分流情况下，更换线夹或拆除绝缘引流线时造成人身伤害
15	未能正确使用个人防护用具、登高工具，造成高处坠落人员伤害
16	地面人员在作业区下方逗留，造成高处落物伤害

3.5 安全注意事项

安全注意事项见表 A.5。

表 A.5 安全注意事项

序号	内容
1	作业现场应有专人负责指挥施工,做好现场的组织、协调工作。作业人员应听从工作负责人指挥。专责监护人应履行监护职责,不得兼做其他工作,要选择便于监护的位置,监护的范围不得超过一个作业点
2	工作负责人在遇到天气突变等不符合规程要求的作业条件时,应立即命令作业人员恢复原状,停止作业
3	绝缘引流线接入前应进行外观检查,避免因设备损毁或有缺陷未及时发现造成人身、设备事故
4	作业现场及工具摆放位置周围应设置安全围栏、警示标志,防止行人及其他车辆进入作业现场,必要时应派专人守护
5	低压带电作业车应停放到最佳位置: (1)停放的位置应便于绝缘斗到达作业位置,避开附近电力线和障碍物; (2)停放位置坡度不大于 5°; (3)车辆宜顺线路停放
6	作业人员应对低压带电作业车支腿情况进行检查,向工作负责人汇报检查结果。检查标准如下: (1)不应支放在沟道盖板上; (2)软土地面应使用垫块或枕木,垫块重叠不超过 2 块; (3)支撑应到位,车辆前后、左右呈水平,整车支腿受力
7	低压带电作业车操作人员将车体可靠接地: (1)接地线的截面积不小于 16mm² 的带绝缘透明护套的软铜线; (2)接地极打入深度不小于 0.6m
8	斗内电工应戴绝缘防电弧防穿刺手套、防电弧面屏,穿防电弧服,并保持对地绝缘。遮蔽作业时动作幅度不得过大,防止造成相间、相地放电,若存在短路风险应加装绝缘遮蔽(隔离)措施
9	遮蔽应完整,遮蔽重合长度不小于 5cm,避免留有漏洞、带电体暴露
10	安装绝缘引流线时应可靠固定,防止绝缘引流线与硬物、尖锐物摩擦
11	作业前需检测确认待检修线路负荷电流小于绝缘引流线额定电流值
12	作业前应对发热线夹测温
13	更换线夹时应使用绝缘工具有效控制引线,避免人体串入电路造成人身伤害
14	更换线夹前和拆绝缘引流线前应检测分流情况正常
15	高空作业人员正确使用安全带,安全带的挂钩要挂在牢固的构件上
16	地面人员不得在作业区下方逗留,避免造成高处落物伤害

3.6 人员组织

人员组织及分工见表 A.6。

表 A.6 人员组织及分工

人员分工	人数	工作内容
工作负责人(监护人)	1 人	全面负责现场作业
斗内电工	1 人	负责本项目的具体操作
地面电工	1 人	负责地面配合工作

4. 作业程序

4.1　现场复勘

现场复勘内容见表 A.7。

表 A.7　现场复勘内容

序号	内　　容	备注
1	确认线路设备及周围环境满足作业条件，未产生影响安全作业的变化因素	—
2	确认现场气象条件满足作业要求： （1）天气应晴好，无雷、无雨、无雪、无雾； （2）风力不大于 5 级； （3）相对湿度不大于 80%	—
3	工作负责人指挥工作人员检查工作票所列安全措施，在工作票上补充安全措施	—

4.2　作业内容及标准

作业内容及标准见表 A.8。

表 A.8　作业内容及标准

序号	作业步骤	作业内容	标　　准	备注
1	开工准备	布置工作现场	工作负责人组织班组成员设置工作现场的安全围栏、安全警示标志： （1）安全围栏的范围应考虑作业中高空坠落和高空落物的影响以及道路交通，必要时联系交通部门； （2）围栏的出入口应设置合理； （3）警示标示应包括"从此进出""在此工作""止步高压危险"等，道路两侧应有"车辆慢行"或"车辆绕行"标示或路障	—
			班组成员按要求将绝缘工器具放在防潮苫布上： （1）防潮苫布应清洁、干燥； （2）工器具应按定置管理要求分类摆放； （3）绝缘工器具不能与金属工具、材料混放	—
		执行工作许可制度	工作负责人按工作票内容与设备运维管理单位联系，获得设备运维管理单位工作许可，确认作业点电源侧的剩余电流保护装置已投入运行。有自动重合功能的剩余电流保护装置应退出其自动重合功能	—
			工作负责人在工作票上签字，并记录许可时间	—
		召开现场站班会	工作负责人宣读工作票	—
			工作负责人检查工作班组成员精神状态，交代工作任务进行分工，交代工作中的安全措施和技术措施	—
			工作负责人检查班组各成员对工作任务分工、安全措施和技术措施是否明确	—

续表

序号	作业步骤	作业内容	标　准	备注
1	开工准备	召开现场站班会	班组各成员在工作票和作业指导书（卡）上签名确认	—
		检查绝缘工器具及材料	班组成员使用干燥毛巾逐件对绝缘工器具进行擦拭并进行外观检查： （1）检查人员应戴清洁、干燥的手套； （2）绝缘工具表面不应磨损、变形损坏，操作应灵活； （3）个人安全防护用具和遮蔽、隔离用具应无针孔、砂眼、裂纹	—
			检查双重保护安全带，将安全带系在固件上做冲击实验，无松脱、断裂等现象	—
			绝缘工器具、安全带检查完毕，向工作负责人汇报检查结果	—
		检查绝缘引流线	检查绝缘引流线： （1）清洁绝缘引流线线夹接触面的氧化物； （2）检查绝缘引流线的额定荷载电流并对照线路负荷电流（可根据现场勘察或运行资料获得），引流线的额定荷载电流应大于线路最大负荷电流1.2倍； （3）绝缘引流线表面绝缘应无明显磨损或破损现象； （4）绝缘引流线线夹应操作灵活	—
		低压带电作业车空斗试验	班组成员使用干燥毛巾逐件对绝缘平台进行擦拭并进行外观检查	—
			班组成员检查绝缘平台的升降、旋转是否良好，制动是否可靠	—
			绝缘升降平台检查完毕，向工作负责人汇报检查结果	—
2	操作步骤	作业人员到达作业位置	斗内电工经工作负责人许可后，进入带电作业区域： （1）绝缘斗移动应平稳匀速，在进入带电作业区域时应无大幅晃动，绝缘斗上升、下降、平移的最大线速度不应超过0.5m/s； （2）再次确认线路状态，满足作业条件	—
		验电	斗内电工使用验电器确认作业现场无漏电现象： （1）在带电导线上检验验电器是否完好； （2）验电时作业人员应与带电导体保持安全距离，验电顺序按照导线→绝缘子→横担的顺序，验电时应戴绝缘手套； （3）检验作业现场接地构件、绝缘子有无漏电现象。确认无漏电现象，验电结果汇报工作负责人	—
		检测线路引线负荷电流	经工作负责人许可后，斗内电工用钳形电流表测试主线路引线负荷电流，判断负荷情况并汇报工作负责人；确认负荷电流小于绝缘引流线额定电流	—
		设置绝缘遮蔽措施	获得工作负责人许可后，斗内电工按照"由近及远""由下后上"的原则对不能够满足安全距离的带电体和接地体进行绝缘遮蔽： （1）斗内电工在对导线设置绝缘遮蔽隔离措施时，动作应轻缓，与接地构件间应有足够的安全距离，与邻相导线之间应有足够的安全距离； （2）应对四相待接电缆引线进行绝缘遮蔽； （3）作业过程严禁线路发生接地或短路	—

续表

序号	作业步骤	作业内容	标　　准	备注
2	操作步骤	安装绝缘引流线	经工作负责人许可后，斗内电工转移到合适的工作位置安装绝缘引流线： （1）斗内电工打开导线上的绝缘遮蔽，在两侧耐张线夹外的合适位置安装绝缘引流线绝缘锁杆； （2）剥除主导线绝缘层，清除导线氧化层，依次安装绝缘引流线； （3）安装完毕后，及时恢复绝缘引流线线夹处的绝缘遮蔽隔离措施； （4）绝缘引流线与地电位构件接触部位应有绝缘遮蔽隔离措施，与邻相导体之间保持安全距离； （5）作业中，严防人体串入电路	—
		检测绝缘引流线分流情况	经工作负责人许可后，斗内电工用钳形电流表测量主线路、绝缘引流线的电流，判断分流情况并汇报工作负责人	—
		拆除检修相引线线夹、消缺	经工作负责人许可后，测量线夹温度满足作业条件后拆除引线线夹： （1）斗内电工拆除一个引线接续线夹，在原接续线夹位置用双头锁杆将两根引线锁牢后，对引线导体部分进行消缺处理后，安装新接续线夹； （2）按同样的方式更换另外一个接续线夹，更换完成后拆除双头锁杆，恢复绝缘遮蔽； （3）作业中，严防人体串入电路	—
		检测分流情况	经工作负责人许可后，斗内电工用钳形电流表测量主线路、绝缘引流线的电流，判断分流情况并汇报工作负责人	—
		拆除绝缘引流线	经工作负责人许可后，斗内电工转移到合适的工作位置拆除绝缘引流线： （1）斗内电工检查确认新引线线夹安装无误后，拆除绝缘引流线； （2）恢复主导线的绝缘并及时恢复绝缘遮蔽； （3）拆除绝缘锁杆； （4）在拆除绝缘引流线过程中作业人员严禁串入电路	—
		拆除绝缘遮蔽措施	（1）获得工作负责人的许可后，斗内电工到达合适位置，按照"从远到近、从上到下"的原则拆除导线绝缘遮蔽措施； （2）拆除绝缘遮蔽的动作应轻缓，与接地构件间应有足够的安全距离，与邻相导线之间应有足够的安全距离	—
		离开作业区域，作业结束	（1）遮蔽装置全部拆除后，斗内电工清理工作现场，杆上无遗留物，向工作负责人汇报施工质量； （2）工作负责人应进行全面检查，装置无缺陷，符合运行条件，确认工作完成无误后，向工作许可人汇报； （3）工作许可人验收工作无误后，人员全部撤离现场	—

4.3　竣工

竣工内容和要求见表 A.9。

表 A.9　竣 工 内 容 和 要 求

序号	内　　容
1	清理工具及现场：工作负责人全面检查工作完成情况，清点整理工具、材料，将工器具清洁后放入专用的箱（袋）中，组织班组成员认真检查现场无遗留物，无误后撤离现场，做到"工完料尽场地清"

0.4kV 配网不停电作业实训教材

续表

序号	内　　　容
2	办理工作终结手续：工作负责人向调度（工作许可人）汇报工作结束，恢复剩余电流保护装置自动重合功能，终结工作票
3	工作负责人组织召开现场收工会，做工作总结和点评工作： （1）正确点评本项工作的施工质量； （2）点评班组成员在作业中的安全措施的落实情况； （3）点评班组成员对规程的执行情况
4	作业人员撤离现场

5. 验收总结

验收总结见表 A.10。

表 A.10　验　收　总　结

序号	验收总结	
1	验收评价	
2	存在问题及处理意见	

6. 指导书执行情况评估

指导书执行情况评估见表 A.11。

表 A.11　指导书执行情况评估

评估内容	符合性	优		可操作项	
		良		不可操作项	
	可操作性	优		修改项	
		良		遗漏项	
存在问题					
改进意见					

142

附录 B
0.4kV 带电接低压空载电缆引线作业指导书（范本）

1. 适用范围

本作业指导书适用于绝缘手套法带电接 0.4kV 低压空载电缆引线的工作。

2. 引用文件

DL/T 320—2019 个人电弧防护用品通用技术要求

Q/GDW 12218—2022 低压交流配网不停电作业技术导则

Q/GDW 10520—2016 10kV 配网不停电作业规范

Q/GDW 519—2014 配电网运维规程

Q/GDW 10799.8—2023 国家电网有限公司电力安全工作规程 第 8 部分：配电部分

3. 作业前准备

3.1 基本要求

作业前准备的基本要求见表 B.1。

表 B.1 作业前准备的基本要求

序号	内容	标准	备注
1	现场勘查	（1）工作票签发人或工作负责人应事先进行现场勘查，根据勘查结果做出能否进行不停电作业的判断，并确定作业方法及应采取的安全技术措施； （2）工作线路双重名称、杆号，杆身完好无裂纹、埋深符合要求、基础牢固、周围无影响作业的障碍物； （3）作业点周围是否有停放作业车辆等绝缘升降平台的空间； （4）作业点周围是否停有车辆或频繁有行人经过，是否存在掉落伤人可能；作业点周围是否存在绝缘老化、绑扎线松动、构件锈蚀严重等作业过程中可能引发短路意外的情况； （5）是否存在的其他作业危险点等	—
2	了解现场气象条件	了解现场气象条件，判断是否符合安规对带电作业要求： （1）天气应晴好，无雷、无雨、无雪、无雾； （2）风力不大于 5 级；	—

续表

序号	内容	标准	备注
2	了解现场气象条件	（3）相对湿度不大于80%	—
3	组织现场作业人员学习作业指导书	掌握整个操作程序，理解工作任务及操作中的危险点及控制措施	—
4	工作票	办理配电带电作业工作票	—

3.2　作业人员要求

作业人员要求见表 B.2。

表 B.2　作业人员要求

序号	内容	备注
1	作业人员应身体健康，无妨碍作业的生理和心理障碍	—
2	作业人员经培训合格，持证上岗	—
3	作业人员应掌握紧急救护法，特别要掌握触电急救方法	—
4	作业人员应符合 Q/GDW 10799.8《国家电网有限公司电力安全工作规程　第 8 部分：配电部分》4.1 中的有关要求	—
5	高空作业人员必须具备从事高空作业的身体素质	—

3.3　工器具及车辆配备

工器具及车辆配备见表 B.3。

表 B.3　工 器 具 及 车 辆 配 备

序号	工器具名称		规格、型号	单位	数量	备注
1	主要作业车辆	低压 0.4kV 综合抢修车（可升降）	—	辆	1	—
2	个人防护用具	绝缘手套	0.4kV	副	1	戴防护手套
3		安全帽	—	顶	3	—
4		绝缘鞋	—	双	3	—
5		双控背带式安全带	—	副	1	—
6		护目镜	—	副	1	—
7		防电弧服	8cal/cm²	件	1	室外作业防电弧能力不小于 6.8cal/cm²；配电柜等封闭空间作业不小于 25.6cal/cm²
8		防电弧手套	8cal/cm²	副	1	
9	绝缘遮蔽用具	绝缘毯		块	若干	根据现场设备情况选择（绝缘毯、绝缘罩）
10		低压电缆引线绝缘遮蔽用具	0.4kV	个	4	—

续表

序号	工器具名称		规格、型号	单位	数量	备注
11	绝缘工器具	绝缘柄棘轮扳手	—	把	1	—
12		验电器	0.4kV	支	1	—
13		围栏、安全警示牌等	—	个	若干	根据现场实际情况确定
14		剥线器	—	把	1	—
15	其他工器具	电工刀	—	把	1	—
16		钢丝刷	—	把	1	—
17		绝缘电阻检测仪	—	只	1	—
18		个人手工工具	—	套	1	—
19		工频信号发生器	0.4kV	台	1	—
20		绝缘手套充气装置	G99	个	1	—
21		放电棒	—	根	1	—
22		防潮苫布	—	件	1	—
23	材料	线夹	—	件	4	低压专用
24		绝缘胶带	—	卷	4	—

3.4　危险点分析

危险点分析见表 B.4。

表 B.4　危 险 点 分 析

序号	内容
1	工作负责人、专责监护人违章兼做其他工作或监护不到位，使作业人员失去监护
2	低压带电作业车位置停放不佳，附近存在电力线和障碍物，坡度过大，作业人员未对低压带电作业车支腿情况进行检查，误支放在沟道盖板上、未使用垫块或枕木、支撑不到位，造成车辆倾覆人员伤亡事故
3	未设置防护措施及安全围栏、警示牌，发生行人车辆进入作业现场，造成危害发生
4	低压带电作业车操作人员未将低压带电作业车可靠接地
5	遮蔽作业时动作幅度过大，接触带电体形成回路，造成人身伤害
6	遮蔽不完整，留有漏洞、带电体暴露，作业时接触带电体形成回路，造成人身伤害
7	禁止带负荷接电缆引线
8	作业前，未对电缆进行绝缘试验，造成送电后相间或相对地短路
9	电缆绝缘试验后未放电，作业人员触及电缆头裸露部分造成触电
10	接空载电缆引线时，未按正确顺序连接电缆引线
11	禁止人体同时接触两根导线，使人体串入电路

3.5 安全注意事项

安全注意事项见表 B.5。

表 B.5 安全注意事项

序号	内容
1	作业现场应有专人负责指挥施工,做好现场的组织、协调工作。作业人员应听从工作负责人指挥。专责监护人应履行监护职责,不得兼做其他工作,要选择便于监护的位置,监护的范围不得超过一个作业点
2	低压带电作业车应停放到最佳位置: (1)停放的位置应便于低压带电作业车绝缘斗到达作业位置,避开附近电力线和障碍物; (2)停放位置坡度不大于 5°; (3)低压带电作业车应顺线路停放
3	作业人员应对低压带电作业车支腿情况进行检查,向工作负责人汇报检查结果。检查标准如下: (1)不应支放在沟道盖板上; (2)软土地面应使用垫块或枕木,垫板重叠不超过 2 块; (3)支撑应到位。车辆前后、左右呈水平,整车支腿受力,车轮离地
4	低压电气带电作业应戴绝缘手套(含防穿刺手套)、护目镜、穿防电弧服,并保持对地绝缘;遮蔽作业时动作幅度不得过大,防止造成相间、相对地放电;若存在相间短路风险应加装绝缘遮蔽(隔离)措施
5	作业现场及工具摆放位置周围应设置安全围栏、警示标志,防止行人及其他车辆进入作业现场
6	作业前,工作负责人应组织工作人员进行现场勘查,确认待接电缆引线确实处于空载状态,后端线路开关处于拉开位置
7	作业前,应使用绝缘电阻检测仪对电缆进行绝缘测试,确认电缆绝缘性能良好
8	电缆绝缘试验合格后,应对电缆进行充分放电,防止作业人员触电
9	遮蔽应完整,遮蔽重合长度不小于 5cm,避免留有漏洞、带电体暴露,作业时接触带电体形成回路,造成人身伤害
10	正确使用个人防护用品,对安全带进行冲击试验,避免意外断裂造成高处坠落人员伤害
11	地面人员不得在作业区下方逗留,避免造成高处落物伤害

3.6 人员组织

人员组织及分工见表 B.6。

表 B.6 人员组织及分工

人员分工	人数	工作内容
工作负责人(监护人)	1 人	全面负责现场作业
斗内电工	1 人	负责本项目的具体操作
地面电工	1 人	负责地面配合工作

4. 作业程序

4.1　现场复勘

现场复勘内容见表 B.7。

表 B.7　现 场 复 勘 内 容

序号	内　　　　　容	备注
1	确认线路设备及周围环境满足作业条件，未产生影响安全作业的变化因素	—
2	确认现场气象条件满足作业要求： （1）天气应晴好，无雷、无雨、无雪、无雾； （2）风力不大于 5 级； （3）相对湿度不大于 80%	—
3	工作负责人指挥工作人员检查工作票所列安全措施，在工作票上补充安全措施	—

4.2　作业内容及标准

作业内容及标准见表 B.8。

表 B.8　作 业 内 容 及 标 准

序号	作业步骤	作业内容	标　　　准	备注
1	开工准备	布置工作现场	工作负责人组织班组成员设置工作现场的安全围栏、安全警示标志： （1）安全围栏的范围应考虑作业中高空坠落和高空落物的影响以及道路交通，必要时联系交通部门； （2）围栏的出入口应设置合理； （3）警示标示应包括"从此进出""在此工作""止步，高压危险"等，道路两侧应有"车辆慢行"或"车辆绕行"标示或路障	—
			班组成员按要求将绝缘工器具放在防潮苦布上： （1）防潮苦布应清洁、干燥； （2）工器具应按定置管理要求分类摆放； （3）绝缘工器具不能与金属工具、材料混放	—
		执行工作许可制度	工作负责人按工作票内容与设备运维管理单位联系，获得设备运维管理单位工作许可，确认作业点电源侧的剩余电流保护装置已投入运行。有自动重合功能的剩余电流保护装置应退出其自动重合功能	—
			工作负责人在工作票上签字，并记录许可时间	—
		召开现场站班会	工作负责人宣读工作票	—
			工作负责人检查工作班组成员精神状态，交代工作任务进行分工，交代工作中的安全措施和技术措施	—
			工作负责人检查班组各成员对工作任务分工、安全措施和技术措施是否明确	—
			班组各成员在工作票和作业指导书（卡）上签名确认	—

序号	作业步骤	作业内容	标　准	备注
1	开工准备	检查绝缘工器具及材料	班组成员使用干燥毛巾逐件对绝缘工器具进行擦拭并进行外观检查： （1）检查人员应戴清洁、干燥的手套； （2）绝缘工具表面不应磨损、变形损坏，操作应灵活； （3）个人安全防护用具和遮蔽、隔离用具应无针孔、砂眼、裂纹	—
			检查双重保护安全带，将安全带系在固件上做冲击实验，无松脱、断裂等现象	—
			绝缘工器具、安全带检查完毕，向工作负责人汇报检查结果	—
		低压带电作业车空斗试验	班组成员使用干燥毛巾逐件对绝缘平台进行擦拭并进行外观检查	—
			班组成员检查绝缘平台的升降、旋转是否良好，制动是否可靠	—
			绝缘升降平台检查完毕，向工作负责人汇报检查结果	—
2	操作步骤	作业人员到达作业位置	斗内电工经工作负责人许可后，进入带电作业区域： （1）绝缘斗移动应平稳匀速，在进入带电作业区域时应无大幅晃动，绝缘斗上升、下降、平移的最大线速度不应超过0.5m/s； （2）再次确认线路状态，满足作业条件	—
		验电	斗内电工使用验电器确认作业现场无漏电现象： （1）在带电导线上检验验电器是否完好； （2）验电时作业人员应与带电导体保持安全距离，验电顺序按照导线→绝缘子→横担的顺序，验电时应戴绝缘手套； （3）检验作业现场接地构件、绝缘子有无漏电现象。确认无漏电现象，验电结果汇报工作负责人	—
		设置绝缘遮蔽措施	获得工作负责人许可后，斗内电工按照"由近及远""由下后上"的原则对不能够满足安全距离的带电体和接地体进行绝缘隔离： （1）斗内电工在对导线设置绝缘遮蔽隔离措施时，动作应轻缓，与接地构件间应有足够的安全距离，与邻相导线之间应有足够的安全距离； （2）应对四相待接电缆引线进行绝缘遮蔽； （3）作业过程严禁线路发生接地或短路	—
		清除氧化层	用金属刷清除干净接触点氧化层	—
		接电缆线路引线	（1）获得工作负责人许可后，斗内电工打开空载电缆零线引线和主导线零线的绝缘遮蔽； （2）使用螺丝螺母将电缆引线和主导线连接，先零线、后相线，并用电动扳手紧固； （3）使用绝缘胶布对连接处进行绝缘遮蔽； （4）对零线和电缆引线进行绝缘遮蔽； （5）按照此方法，按照"由内向外、由远及近"的顺序将其余三相电缆引线与主导线连接	—
		拆除绝缘遮蔽措施	（1）获得工作负责人的许可后，斗内电工到达合适位置，按照"从远到近、从上到下"的原则拆除导线绝缘遮蔽措施； （2）拆除绝缘遮蔽的动作应轻缓，与接地构件间应有足够的安全距离，与邻相导线之间应有足够的安全距离	—

序号	作业步骤	作业内容	标　　准	备注
2	操作步骤	离开作业区域，作业结束	（1）遮蔽装置全部拆除后，斗内电工清理工作现场，杆上无遗留物，向工作负责人汇报施工质量； （2）工作负责人应进行全面检查，装置无缺陷，符合运行条件，确认工作完成无误后，向工作许可人汇报； （3）工作许可人验收工作无误后，人员全部撤离现场	—

4.3　竣工

竣工内容和要求见表 B.9。

表 B.9　竣工内容和要求

序号	内　　容
1	清理工具及现场：工作负责人全面检查工作完成情况，清点整理工具、材料，将工器具清洁后放入专用的箱（袋）中，组织班组成员认真检查现场无遗留物，无误后撤离现场，做到"工完料尽场地清"
2	办理工作终结手续：工作负责人向调度（工作许可人）汇报工作结束，恢复剩余电流保护装置自动重合功能，终结工作票
3	工作负责人组织召开现场收工会，做工作总结和点评工作： （1）正确点评本项工作的施工质量； （2）点评班组成员在作业中的安全措施的落实情况； （3）点评班组成员对规程的执行情况
4	作业人员撤离现场

5. 验收总结

验收总结见表 B.10。

表 B.10　验收总结

序号	验收总结	
1	验收评价	
2	存在问题及处理意见	

6. 指导书执行情况评估

指导书执行情况评估见表 B.11。

表 B.11　指导书执行情况评估

评估内容	符合性	优		可操作项	
		良		不可操作项	

续表

评估内容	可操作性	优		修改项	
		良		遗漏项	
存在问题					
改进意见					

附录 C

0.4kV 低压配电柜（房）带电更换低压开关作业指导书（范本）

1. 适用范围

本作业指导书适用于 0.4kV 低压配电柜（房）带电更换低压开关。

场景设置：低压配电柜总开关柜后有两路以上的分路，更换低压的分路开关。

2. 引用文件

Q/GDW 12218—2022　低压交流配网不停电作业技术导则

Q/GDW 10520—2016　10kV 配网不停电作业规范

Q/GDW 519—2014　配电网运维规程

Q/GDW 10799.8—2023　国家电网有限公司电力安全工作规程　第 8 部分：配电部分

3. 作业前准备

3.1　基本要求

基本要求见表 C.1。

表 C.1　作 业 前 的 基 本 要 求

序号	内容	标　　准	备注
1	现场勘查	（1）工作负责人应提前组织有关人员进行现场勘查，根据勘查结果做出能否进行不停电作业的判断，并确定作业方法及应采取的安全技术措施。 （2）现场勘查包括下列内容：检修工作的任务、待检修低压配电柜（房）低压开关型号、相间的安全距离、需要使用的安全工器具，以及存在的作业危险点等。 （3）确认无返送电	—
2	了解现场气象条件	了解现场气象条件，判断是否符合安规对带电作业要求： （1）天气应晴好，无雷、无雨、无雪、无雾； （2）风力不大于 5 级； （3）相对湿度不大于 80%	
3	组织现场作业人员学习作业指导书	掌握整个操作程序，理解工作任务及操作中的危险点及控制措施	—
4	工作票	办理配电带电作业工作票	—

3.2 作业人员要求

作业人员要求见表 C.2。

表 C.2 作业人员要求

序号	内容	备注
1	作业人员应身体健康，无妨碍作业的生理和心理障碍	—
2	作业人员经培训合格，持证上岗	—
3	作业人员应掌握紧急救护法，特别要掌握触电急救方法	—
4	作业人员应符合 Q/GDW 10799.8《国家电网有限公司电力安全工作规程　第 8 部分：配电部分》4.1 中的有关要求	—

3.3 工器具及车辆配备

工器具及车辆配备见表 C.3。

表 C.3 工器具及车辆配备

序号	工器具名称		规格、型号	单位	数量	备注
1	安全防护用具	绝缘手套	0.4kV	副	2	—
2		绝缘鞋（靴）	—	双	3	—
3		安全帽	—	顶	1	—
4		个人电弧防护用品	27cal/cm²	套	2	—
5	绝缘遮蔽用具	绝缘隔板	0.4kV	—	若干	—
6		绝缘护套	0.4kV	—	若干	（进出线端子用）
7	绝缘工器具	绝缘垫	0.4kV	—	1	—
8		绝缘登高工具	—	—	—	根据现场实际需要配置
9		个人绝缘手工工具	—	套	1	—
10	其他工具	防潮垫或毡布	—	块	1	—
11		围栏、安全警示带（牌）	—	—	若干	根据现场实际需要配置
12		万用表	—	块	1	—
13		风湿度检测仪	—	块	1	—
14		验电器	0.4kV	支	1	—
15		工频信号发生器	0.4kV	台	1	—
16		绝缘手套充气装置	G99	个	1	—

序号	工器具名称		规格、型号	单位	数量	备注
17	材料	低压开关	0.4kV	台	1	检测试验合格
18		电气胶带	—	套	1	黄、绿、红、蓝四色

3.4 危险点分析

危险点分析见表 C.4。

表 C.4 危险点分析

序号	内容
1	带电作业专责监护人违章兼做其他工作或监护不到位，使作业人员失去监护
2	绝缘工具使用前未进行外观检查，因设备损伤或有缺陷未及时发现造成人身、设备事故
3	带电作业人员穿戴防护用具不规范，造成触电、电弧伤害
4	作业人员未按规定进行绝缘遮蔽或遮蔽不严密，造成触电伤害
5	断、接低压端子引线时，引线脱落造成接地或相间短路事故
6	带负荷断、接低压端子引线，发生电弧伤害
7	低压开关引线未做标记，导致接线错误
8	仪表与带电设备未保持安全距离造成工作人员触电伤害
9	低压开关出线返送电

3.5 安全注意事项

安全注意事项见表 C.5。

表 C.5 安全注意事项

序号	内容
1	专责监护人应履行监护职责，不得兼做其他工作，要选择便于监护的位置，监护的范围不得超过一个作业点
2	作业现场及工具摆放位置周围应设置安全围栏、警示标志，防止行人及其他车辆进入作业现场
3	带电作业过程中，作业人员应始终穿戴齐全防护用具，保持人体与邻相带电体及接地体的安全距离
4	低压电气带电工作使用的工具手握部分应有绝缘柄，其外裸露的导电部位应采取绝缘包裹措施
5	作业中邻近不同电位导线或设备时，应采取绝缘隔离措施防止相间短路和单相接地
6	对不规则带电部件和接地部件采用绝缘毯进行绝缘隔离，并可靠固定
7	在带电作业过程中如设备突然停电，作业人员应视设备仍然带电。作业过程中绝缘工具金属部分应与接地体保持足够的安全距离
8	断、接低压端子引线时，进、出线都应视为带电，要保持带电体与人体、邻相及接地体的安全距离
9	低压开关进出线应编号，连接前应进行核对

序号	内容
10	操作之前应核对低压开关编号及状态
11	更换低压开关后，合开关前应对出线验电，确认无误后送电

3.6 人员组织

人员组织见表 C.6。

表 C.6 人 员 组 织

序号	作业人员	人数	作业内容
1	工作负责人（兼监护人）	1	全面负责现场作业，履行监护人职责
2	作业电工	1	负责设置绝缘隔离措施、低压开关的更换等工作
3	辅助电工	1	协助完成工作任务

4. 作业程序

4.1 现场复勘

现场复勘见表 C.7。

表 C.7 现 场 复 勘

序号	内容	备注
1	确认低压配电柜（房）设备及周围环境满足作业条件	—
2	确认现场气象条件满足作业要求： （1）天气应晴好，无雷、雨、雪、大雾； （2）风力不大于 5 级； （3）相对湿度不大于 80%	—
3	工作负责人指挥工作人员检查工作票所列安全措施，在工作票上补充安全措施	—

4.2 作业内容及标准

作业内容及标准见表 C.8。

表 C.8 作业内容及标准

序号	作业步骤	作业内容	标准	备注
1	开工	执行工作许可制度	（1）工作负责人按工作票内容与设备运维管理单位联系，获得设备运维管理单位工作许可，确认作业点电源侧的剩余电流保护装置已投入运行。有自动重合功能的剩余电流保护装置应退出其自动重合功能。 （2）工作负责人在工作票上签字，并记录许可时间	—

续表

序号	作业步骤	作业内容	标准	备注
1	开工	召开现场会	（1）工作负责人宣读工作票。 （2）工作负责人检查工作班组成员精神状态，交代工作任务进行分工，交代工作中的安全措施和技术措施。 （3）工作负责人检查班组各成员对工作任务分工、安全措施和技术措施是否明确。 （4）班组各成员在工作票和作业指导书（卡）上签名确认。 （5）工作负责人组织班组成员设置工作现场的安全围栏、安全警示标志： 1）安全围栏的范围应考虑作业中道路交通，必要时联系交通部门； 2）围栏的出入口应设置合理； 3）警示标示应包括"从此进出""在此工作""止步，高压危险"等。 （6）班组成员按要求将绝缘工器具放在防潮苫布上： 1）防潮苫布应清洁、干燥； 2）工器具应按定置管理要求分类摆放； 3）绝缘工器具不能与金属工具、材料混放	—
2	检查	检查绝缘工器具	（1）班组成员使用干燥毛巾逐件对绝缘工器具进行擦拭并进行外观检查： 1）检查人员应戴清洁、干燥的手套； 2）绝缘工具表面不应磨损、变形损坏，操作应灵活； 3）个人安全防护用具和遮蔽、隔离用具应无针孔、砂眼、裂纹 （2）检查工器具是否有机械性损伤； （3）绝缘工器具检查完毕，向工作负责人汇报检查结果	—
		检测低压开关	合上新低压开关，用万用表测导通、绝缘状况；断开新低压开关，检测其开路情况	—
3	作业施工	进入带电作业区域	铺设作业用绝缘垫	—
		验电	作业人员使用验电器确认作业现场无漏电和反送电现象	—
		加装绝缘隔离措施	获得工作负责人许可后，按照"由近及远"的顺序设置绝缘隔离措施，作业过程严禁线路发生接地或短路	—
		更换低压开关	（1）确认待更换低压开关在分闸位置，将其进、出线端子拆除，做好标记，并对其绝缘遮蔽； （2）拆除接线端子时，应先出线后进线，先相线后零线； （3）进出线拆除后立即用黄绿红胶带做好标记； （4）作业时应穿全套的安全防护用具（防电弧服等）； （5）确认新更换的低压开关在分闸位置，按照原接线方式连接进出线； （6）接进、出线端子时应按照与拆相反的顺序进行； （7）合开关前应对出线验电，确认无返送电	—
		拆除带电体和接地体绝缘遮蔽措施	（1）获得工作负责人的许可后，杆上电工到达合适位置，按照与安装相反的顺序拆除绝缘隔离措施； （2）检查确认检修合格并无遗留物等	—

155

续表

序号	作业步骤	作业内容	标准	备注
3	作业施工	撤离现场	（1）遮蔽装置全部拆除后，向工作负责人汇报施工质量； （2）工作负责人应进行全面检查，装置无缺陷，符合运行条件，确认工作完成无误后，向工作许可人汇报； （3）工作许可人验收工作无误后，工作全部结束，人员全部撤离现场	—

4.3 竣工

竣工要求和内容见表 C.9。

表 C.9 竣工要求和内容

序号	内 容
1	清理工具及现场：工作负责人全面检查工作完成情况，清点整理工具、材料，将工器具清洁后放入专用的箱（袋）中，组织班组成员认真检查现场无遗留物，无误后撤离现场，做到"工完料尽场地清"
2	办理工作终结手续：工作负责人向调度（工作许可人）汇报工作结束，恢复剩余电流保护装置自动重合功能，终结工作票
3	召开收工会：工作负责人组织召开现场收工会，做工作总结和点评工作： （1）正确点评本项工作的施工质量； （2）点评班组成员在作业中的安全措施的落实情况； （3）点评班组成员对规程的执行情况
4	作业人员撤离现场

5. 验收总结

验收总结见表 C.10。

表 C.10 验收总结

序号	验收总结	
1	验收评价	
2	存在问题及处理意见	

6. 指导书执行情况评估

指导书执行情况评估见表 C.11。

表 C.11　指导书执行情况评估

评估内容	符合性	优		可操作项	
		良		不可操作项	
	可操作性	优		修改项	
		良		遗漏项	
存在问题					
改进意见					

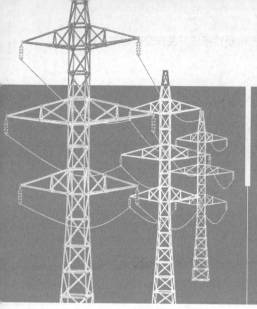

附录 D

0.4kV 架空线路（配电箱）临时取电向配电箱（柜）供电作业指导书（范本）

1. 适用范围

本作业指导书适用于从 0.4kV 架空线路（配电箱）临时取电给配电箱（柜）供电的工作。

2. 引用文件

Q/GDW 12218—2022　低压交流配网不停电作业技术导则

Q/GDW 10520—2016　10kV 配网不停电作业规范

Q/GDW 519—2014　配电网运维规程

Q/GDW 10799.8—2023　国家电网有限公司电力安全工作规程　第 8 部分：配电部分

3. 作业前准备

3.1　基本要求

基本要求见表 D.1。

表 D.1　作业前准备的基本要求

序号	内容	标准	备注
1	现场勘查	（1）现场工作负责人应提前组织有关人员进行现场勘查，根据勘查结果做出能否进行带电作业的判断，并确定作业方法及应采取的安全技术措施。 （2）工作线路双重名称、杆号、配电柜双重名称。 （3）现场勘查包括下列内容：作业现场条件是否满足施工要求，以及存在的作业危险点等。 1）配电柜完好； 2）基础牢固； 3）周围无影响作业的障碍物； 4）杆身完好无裂纹； 5）埋深符合要求；	—

序号	内容	标准	备注
1	现场勘查	6）基础牢固。 （4）线路装置是否具备带电作业条件。本项作业应检查确认的内容有： 1）是否具备带电作业条件； 2）作业范围内地面土壤是否坚实、平整，是否符合低压带电作业车安置条件。 （5）确认负荷电流小于旁路电缆额定电流。超过时应提前转移或减少负荷； （6）工作负责人指挥工作人员检查工作票所列安全措施，在工作票上补充安全措施	—
2	了解现场气象条件	了解现场气象条件，判断是否符合安规对带电作业要求： （1）天气应晴好，无雷、无雨、无雪、无雾； （2）风力不大于5级； （3）相对湿度不大于80%	—
3	组织现场作业人员学习作业指导书	掌握整个操作程序，理解工作任务及操作中的危险点及控制措施	—
4	工作票	办理配电带电作业工作票	—

3.2 作业人员要求

作业人员要求见表D.2。

表D.2 作业人员要求

序号	内容	备注
1	作业人员应身体健康，无妨碍作业的生理和心理障碍	—
2	作业人员经培训合格，持证上岗	—
3	作业人员应掌握紧急救护法，特别要掌握触电急救方法	—
4	作业人员应符合 Q/GDW 10799.8《国家电网有限公司电力安全工作规程 第8部分：配电部分》4.1中的有关要求	—

3.3 工器具及车辆配备

工器具及车辆配备见表D.3。

表D.3 工器具及车辆配备

序号	工器具名称		规格、型号	单位	数量	备注
1	主要作业车辆	0.4kV 综合抢修车（可升降）	—	辆	1	—
2		旁路电缆展放设备	—	辆	1	根据现场输放电缆长度配置
3	个人防护用具	绝缘手套	0.4kV	副	2	—
4		安全帽	—	顶	6	—

序号	工器具名称		规格、型号	单位	数量	备注
5	个人防护用具	绝缘鞋	—	双	6	—
6		双控背带式安全带	—	件	2	—
7		个人电弧防护用品	—	套	2	室外作业防电弧能力不小于6.8cal/cm²；配电柜等封闭空间作业不小于25.6cal/cm²
8	绝缘工器具	绝缘放电棒及接地线	—	副	1	—
9		绝缘毯	—	块	8	从架空线路临时取电时用
10		毯夹	—	只	16	
11		绝缘横担	—	个	2	
12		低压导线遮蔽罩	—	根	4	—
13		绝缘隔板	—	块	2	从配电箱临时取电时用
14	旁路作业装备	旁路电缆	0.4kV	m	若干	根据现场实际长度配置
15		旁路电缆防护盖板、防护垫布等	—	块	若干	地面敷设
16		旁路电缆保护绳	—	根	4	—
17		电缆引线固定支架	—	个	2	—
18	个人工器具	钳子	—	把	2	—
19		棘轮扳手	—	把	2	—
20		电工刀	—	把	2	—
21		螺钉旋具	—	把	2	—
22	其他主要工器具	绝缘电阻检测仪	500V	台	1	—
23		验电器	0.4kV	支	1	—
24		工频信号发生器	0.4kV	台	1	—
25		万用表	—	台	1	—
26		相序表	—	个	1	—
27		绝缘手套充气装置	G99	台	1	—
28		钳形电流表	—	块	1	—
29		风速/温湿仪	—	台	1	—
30		钢丝刷	—	个	1	—
31		对讲机	—	个	3	—
32		围栏、安全警示牌等	—	个	若干	根据现场实际情况确定
33		防潮苫布	—	件	1	—
34	材料	绝缘胶带	—	盘	4	—

3.4　危险点分析

危险点分析见表 D.4。

表 D.4　危 险 点 分 析

序号	内　　容
1	工作负责人、专责监护人违章兼做其他工作或监护不到位，使作业人员失去监护
2	旁路电缆设备投运前未进行外观检查及绝缘性能检测，因设备损毁或有缺陷未及时发现造成人身、设备事故
3	未设置防护措施及安全围栏、警示牌，发生行人车辆进入作业现场，造成危害发生
4	敷设旁路电缆方法错误，旁路电缆与硬物、尖锐物摩擦，导致旁路柔性电缆损坏。地面敷设电缆被重型车辆碾压，造成电缆损伤
5	低压旁路电缆未绑扎固定，电缆线路发生短路故障时发生摆动
6	敷设旁路作业设备时，旁路电缆、旁路电缆终端的连接时未核对相序标志，导致接线错误
7	旁路电缆设备绝缘检测后、拆除旁路作业设备前，未进行整体放电或放电不完全，引发人身触电伤害
8	旁路电缆敷设好后未按要求设置好保护盒
9	旁路作业前未检测确认待检修线路负荷电流，负荷电流造成旁路作业设备过载
10	低压带电作业车位置停放不佳，附近存在电力线和障碍物，坡度过大，造成车辆倾覆人员伤亡事故
11	低压带电作业车操作人员未将低压带电作业车可靠接地
12	地面人员在作业区下方逗留，造成高处落物伤害
13	遮蔽作业时动作幅度过大，接触带电体形成回路，造成人身伤害
14	遮蔽不完整，留有漏洞、带电体暴露，作业时接触带电体形成回路，造成人身伤害

3.5　安全注意事项

安全注意事项见表 D.5。

表 D.5　安 全 注 意 事 项

序号	内　　容
1	作业现场应有专人负责指挥施工，做好现场的组织、协调工作。作业人员应听从工作负责人指挥。专责监护人应履行监护职责，不得兼做其他工作，要选择便于监护的位置，监护的范围不得超过一个作业点
2	作业现场及工具摆放位置周围应设置安全围栏、警示标志，防止行人及其他车辆进入作业现场
3	旁路电缆设备投运前应进行外观检查并检测绝缘电阻，避免因设备损毁或有缺陷未及时发现造成人身、设备事故
4	低压电气带电作业应戴防电弧手套、绝缘手套（含防穿刺手套）、护目镜、穿防电弧服，并保持对地绝缘；遮蔽作业时动作幅度不得过大，防止造成相间、相对地放电；若存在相间短路风险应加装绝缘遮蔽（隔离）措施
5	遮蔽应完整，避免留有漏洞、带电体暴露，作业时接触带电体形成回路，造成人身伤害
6	敷设旁路电缆时应设围栏。在路口应采用过街保护盒或架空敷设

续表

序号	内　　容
7	敷设旁路电缆时，须由多名作业人员配合使旁路电缆离开地面整体敷设，防止旁路电缆与地面摩擦。连接旁路电缆时，电缆连接器按规定要求涂绝缘脂
8	雨雪天气严禁组装旁路作业设备，组装完成的连接器允许在降雨（雪）条件下运行，但应确保旁路设备连接部位有可靠的防雨（雪）措施
9	旁路作业设备的高压旁路电缆、旁路电缆终端的连接应核对相序标志，保证相位色的一致
10	旁路电缆运行期间，应派专人看守、巡视，防止行人碰触，防止重型车辆碾压
11	拆除旁路作业设备前，应充分放电
12	作业前需检测确认待转移负荷电流小于旁路设备最小额定电流
13	低压带电作业车应停放到最佳位置： （1）停放的位置应便于低压带电作业车绝缘斗到达作业位置，避开附近电力线和障碍物； （2）停放位置坡度不大于5°； （3）低压带电作业车应顺线路停放
14	作业人员应对低压带电作业车支腿情况进行检查，向工作负责人汇报检查结果。检查标准如下： （1）不应支放在沟道盖板上。 （2）软土地面应使用垫块或枕木，垫板重叠不超过2块。 （3）支撑应到位。车辆前后、左右呈水平，整车支腿受力，车轮离地
15	低压带电作业车操作人员应将低压带电作业车可靠接地
16	地面人员不得在作业区下方逗留，避免造成高处落物伤害

3.6　人员组织

人员组织见表 D.6。

表 D.6　人　员　组　织

人员分工	人数	工作内容
工作负责人	1	全面负责现场作业；监护人员安全
专责监护人	1	监护关键环节作业工序
作业班组成员（1号电工）	1	设置、拆除配电柜绝缘遮蔽、隔离措施，安装、拆除旁路电缆接头，确认相序，低压倒闸操作。敷设、拆除旁路电缆
作业班组成员（2号电工）	1	负责低压带电作业车上作业。敷设、拆除旁路电缆
作业班组成员（3号电工）	1	负责登杆作业。敷设、拆除旁路电缆。进行旁路电缆外观检查并检测绝缘电阻
作业班组成员（4号电工）	1	敷设、拆除旁路电缆。进行旁路电缆外观检查并检测绝缘电阻

4. 作业程序

4.1　现场复勘

现场复勘内容见表 D.7。

附录 D　0.4kV 架空线路（配电箱）临时取电向配电箱（柜）供电作业指导书（范本）

表 D.7　现 场 复 勘 内 容

序号	内　　　容	备注
1	工作负责人指挥工作人员核对线路双重名称及杆号。检查作业点及相邻侧电杆埋深、杆身质量、导线的固定及拉线受力情况	—
2	工作负责人指挥工作人员核对配电柜名称及编号： （1）配电柜完好； （2）配电柜基础牢固； （3）周围无影响作业的障碍物	—
3	工作负责人核对线路相序	—
4	线路装置是否具备低压不停电作业条件；确认负荷电流小于旁路电缆额定电流。超过时应提前转移或减少负荷	—
5	工作负责人指挥工作人员检查气象条件： （1）天气应晴好，无雷、无雨、无雪、无雾； （2）风力不大于 5 级； （3）相对湿度不大于 80%	—
6	工作负责人指挥工作人员检查工作票所列安全措施，在工作票上补充安全措施	—

4.2　作业内容及标准

作业内容及标准见表 D.8。

表 D.8　作 业 内 容 及 标 准

序号	作业步骤	作业内容	标　　　准	备注
1	开工	执行工作许可制度	工作负责人按工作票内容与设备运维管理单位联系，获得设备运维管理单位工作许可，确认作业点电源侧的剩余电流保护装置已投入运行。有自动重合功能的剩余电流保护装置应退出其自动重合功能	—
			工作负责人在工作票上签字，并记录许可时间	—
		召开现场会	工作负责人宣读工作票	—
			工作负责人检查工作班组成员精神状态，交代工作任务进行分工，交代工作中的安全措施和技术措施	—
			工作负责人检查班组各成员对工作任务分工、安全措施和技术措施是否明确	—
			班组各成员在工作票和作业指导书（卡）上签名确认	—
		停放低压带电作业车	将低压带电作业车位置停放到最佳位置： （1）停放的位置应便于低压带电作业车绝缘斗到达作业位置，避开附近电力线和障碍物； （2）停放位置坡度不大于 5°，低压带电作业车应顺线路停放	—
			操作人员支放低压带电作业车支腿，作业人员对支腿情况进行检查，向工作负责人汇报检查结果。检查标准如下： （1）不应支放在沟道盖板上。	—

163

序号	作业步骤	作业内容	标　　准	备注
1	开工	停放低压带电作业车	（2）软土地面应使用垫块或枕木，垫板重叠不超过2块。 （3）支撑应到位。车辆前后、左右呈水平；支腿应全部伸出，整车支腿受力，车轮离地；斗（臂）车操作人员将低压带电作业车可靠接地	—
		布置工作现场	工作负责人组织班组成员设置工作现场的安全围栏、安全警示标志： （1）安全围栏的范围应考虑作业中高空坠落和高空落物的影响以及道路交通，必要时联系交通部门； （2）围栏的出入口应设置合理； （3）警示标示应包括"从此进出""在此工作""止步，高压危险"等，道路两侧应有"车辆慢行"或"车辆绕行"标示或路障	—
			班组成员按要求将绝缘工器具放在防潮苫布上： （1）防潮苫布应清洁、干燥； （2）工器具应按定置管理要求分类摆放； （3）绝缘工器具不能与金属工具、材料混放	—
2	检查	检查绝缘工器具	班组成员使用清洁干燥毛巾逐件对绝缘工器具进行擦拭并进行外观检查： （1）检查人员应戴清洁、干燥的手套； （2）绝缘工具表面不应磨损、变形损坏，操作应灵活； （3）个人安全防护用具和遮蔽、隔离用具应无针孔、砂眼、裂纹	
			绝缘工器具检查完毕，向工作负责人汇报检查结果	—
		检查低压开关	作业人员核对低压柜内开关容量满足作业负荷转移容量要求	—
		检查低压带电作业车	斗内电工检查低压带电作业车表面状况：绝缘斗应清洁、无裂纹损伤	—
			试操作低压带电作业车： （1）试操作应空斗进行； （2）试操作应充分，有回转、升降、伸缩的过程。确认液压、机械、电气系统正常可靠、制动装置可靠	—
			低压带电作业车检查和试操作完毕，斗内电工向工作负责人汇报检查结果	—
3	作业施工	敷设防护垫布	作业人员敷设旁路设备防护垫布和防护盖板	
		敷设旁路电缆	多名作业人员相互配合敷设旁路电缆，使旁路电缆离开地面整体敷设，防止旁路电缆与地面摩擦	—
		绝缘检测	（1）作业人员对旁路电缆进行外观检查； （2）使用万用表对柔性电缆进行导通检测； （3）作业人员使用绝缘电阻仪检测旁路系统绝缘电阻，合格后方可投入使用； （4）绝缘电阻检测后注意放电	—
		穿戴好个人防护用具	1、2号电工穿戴好个人防护用具： （1）个人绝缘防护用具包括防电弧手套、绝缘手套（带防穿刺手套）、绝缘鞋罩、防电弧服、防护面罩、安全带等； （2）工作负责人应检查个人绝缘防护用具的穿戴是否正确	—

续表

序号	作业步骤	作业内容	标　　准	备注
3	作业施工	对架空线路验电	2号电工使用验电器确认作业现场无漏电现象： （1）在带电导线上检验验电器是否完好。 （2）验电时作业人员应与带电导体保持安全距离，验电顺序应由近及远，验电时应戴绝缘手套。 （3）检验作业现场接地构件、绝缘子有无漏电现象，确认无漏电现象，验电结果汇报工作负责人	—
		设置架空线路绝缘遮蔽隔离措施	获得工作负责人的许可后，2号电工转移绝缘斗到近边相导线合适工作位置，按照"从近到远、从下到上"的顺序对作业中可能触及的带电体、接地体进行绝缘遮蔽隔离： （1）按照"先低后高、先近后远"的顺序原则进行绝缘遮蔽（拆除时相反）； （2）斗内电工在对带电体设置绝缘遮蔽隔离措施时，动作应轻缓，对横担、带电体之间应有安全距离； （3）绝缘遮蔽隔离措施应严密、牢固，绝缘遮蔽组合应重叠不小于5cm	—
		安装电缆支架并固定旁路电缆	（1）3号电工登杆配合2号电工安装电缆支架； （2）3号电工登杆配合2号电工装设旁路电缆	—
		低压配电柜验电	获得工作负责人的许可后，1号电工对低压配电柜待接入旁路电缆间隔的开关下口验电	—
		设置配电柜绝缘遮蔽隔离措施	获得工作负责人的许可后，用绝缘隔板对配电柜设置绝缘遮蔽隔离措施	—
		在配电柜安装旁路电缆	（1）确认待接入旁路电缆间隔的开关处于断开位置； （2）在出线侧安装旁路电缆； （3）拆除低压配电柜绝缘隔板	—
		旁路电缆接入架空线路	获得工作负责人的许可后： （1）2号电工先搭接旁路电缆零线引线； （2）按照由远至近的原则搭接相线引线； （3）搭接完成后及时恢复绝缘遮蔽	—
		检测确认相序	在配电柜确认相序及相位一致	—
		拉开配电柜低压总开关	获得工作负责人的许可后，1号电工拉开配电柜低压总开关，并确认	—
		合上配电柜旁路电缆间隔开关	获得工作负责人的许可后，1号电工合上配电柜旁路电缆间隔开关，并确认	—
		检测负荷情况	用钳形电流表逐相检测低压柔性电缆负荷电流是否正常	—
		施工结束	恢复原运行方式	—
		拉开配电柜旁路电缆间隔开关	获得工作负责人的许可后，1号电工拉开配电柜旁路电缆间隔开关，并确认	—
		合上配电柜低压总开关	获得工作负责人的许可后，1号电工合上配电柜低压总开关，并确认	—
		检测负荷情况	用钳形电流表逐相检测低压总开关负荷电流是否正常	—

续表

序号	作业步骤	作业内容	标　准	备注
3	作业施工	拆除架空线路侧旁路电缆	获得工作负责人的许可后： （1）2号电工拆除架空线路侧旁路电缆，与接入时顺序相反； （2）拆除后对导线裸露部位进行绝缘处理，并及时恢复绝缘遮蔽； （3）拆除的旁路电缆应该逐相充分放电； （4）架空线路侧所有工作结束拆除线路上所有的绝缘遮蔽措施	—
		拆除配电柜侧旁路柔性电缆	获得工作负责人的许可后： （1）1号电工拆除配电柜侧旁路电缆，与接入时顺序相反； （2）拆除过程中应及时恢复配电柜绝缘隔离措施； （3）全部低压电缆拆除后，拆除配电柜所有的绝缘隔离措施	—
		离开作业区域，作业结束	（1）遮蔽装置全部拆除后，斗内电工清理工作现场，杆上无遗留物，向工作负责人汇报施工质量； （2）地面电工回收电缆支架、电缆、防护垫以及盖板； （3）工作负责人应进行全面检查，装置无缺陷，符合运行条件，确认工作完成无误后，向工作许可人汇报； （4）工作许可人验收工作无误后，人员全部撤离现场	—

4.3　竣工

竣工内容及要求见表 D.9。

表 D.9　竣 工 内 容 及 要 求

序号	内　容
1	召开收工会：工作负责人组织召开现场收工会，做工作总结和点评工作： （1）正确点评本项工作的施工质量； （2）点评班组成员在作业中的安全措施的落实情况； （3）点评班组成员对规程的执行情况
2	办理工作终结手续：工作负责人向调度（工作许可人）汇报工作结束，恢复剩余电流保护装置自动重合功能，终结工作票
3	清理工具及现场： （1）收回工器具、材料，摆放在防潮苫布上。 （2）工作负责人全面检查工作完成情况，清点整理工具、材料，将工器具清洁后放入专用的箱（袋）中，组织班组成员认真检查现场无遗留物，无误后撤离现场，做到"工完料尽场地清"
4	作业人员撤离现场

5. 验 收 总 结

验收总结见表 D.10。

表 D.10　验　收　总　结

序号	验收总结	
1	验收评价	
2	存在问题及处理意见	

6. 指导书执行情况评估

指导书执行情况评估见表 D.11。

表 D.11　指导书执行情况评估

评估内容	符合性	优		可操作项	
		良		不可操作项	
	可操作性	优		修改项	
		良		遗漏项	
存在问题					
改进意见